Physikalische Grundbegriffe und Formeln

von

Prof. G. Mahler †

Fortgeführt von

Prof. Karl Mahler

Neubearbeitet von

Emil Sohr

Mit 58 Figuren

Zwölfte Auflage
der „Physikalischen Formelsammlung"

Sammlung Göschen Band 136

Walter de Gruyter & Co · Berlin 1968

vormals G. J. Göschen'sche Verlagshandlung · J. Guttentag, Verlagsbuchhandlung · Georg Reimer · Karl J. Trübner · Veit & Comp.

Archiv-Nr. 77 41 677 — Satz: Mercedes-Druck, Berlin 61.
Druck: Walter de Gruyter & Co., Berlin 30.
Printed in Germany.

Inhaltsverzeichnis

Literatur

Dem Charakter einer „Formelsammlung" entsprechend, gibt der vorliegende Band der Sammlung Göschen nur fertige Resultate ohne Ableitungen. Letztere findet der Leser in der ausgedehnten physikalischen Literatur, aus der einige wenige Werke namentlich genannt seien:

A. Schulbücher

Dorn, Physik. Hannover, Schroedel.

Fock-Weber (bearb. v. Bergmann, Kolde u. Möller), Lehrbuch der Physik. Frankfurt/M. – Hamburg, Salle.

Grimsehl (bearb. v. German, Graewe, Neunhöffer u. Weiß), Physik. Stuttgart, Klett.

Hahn, K., Lehrbuch der Physik. Braunschweig, Westermann.

Höfling, Lehrbuch der Physik. Bonn, Dümmler.

Poske-Bavink-Brennecke-Wolski, Physik, Braunschweig, Vieweg & Sohn.

Roth-Treu, Einführung in die Physik. Bamberg, Buchner.

B. Hochschulbücher

Bergmann-Schaefer, Lehrbuch der Experimentalphysik. Berlin, de Gruyter.

Döring, Einführung in die theoretische Physik (Samml. Göschen Nr. 76 bis 78, 374, 1017). Berlin, de Gruyter.

Gerthsen, Physik. Ein Lehrbuch. Berlin, Springer.

Grimsehl (hrsg. v. Schallreuter), Lehrbuch der Physik. Leipzig, Teubner.

Kohlrausch (hrsg. v. Ebert u. Justi), Praktische Physik. Stuttgart, Teubner.

Pohl, Einführung in die Physik. Berlin, Springer.

Schaefer-Päsler, Einführung in die theoretische Physik. Berlin, de Gruyter.

Schaefer-Bergmann-Kliefoth, Grundaufgaben des physikalischen Praktikums. Stuttgart, Teubner.

Westphal, Physik. Ein Lehrbuch. Berlin, Springer.

–, Physikalisches Praktikum. Braunschweig, Vieweg & Sohn.

C. Spezialbücher zur Atomphysik

Bechert-Gerthsen-Flammersfeld, Atomphysik (Samml. Göschen Nr. 1009, 1033, 1123, 1165). Berlin, de Gruyter.

Bauer, Grundlagen der Atomphysik, Wien, Springer.

Finkelnburg, Einführung in die Atomphysik. Berlin, Springer.

Graewe, Atomphysik. Bonn, Dümmler.

Hertz, Lehrbuch der Kernphysik. Leipzig, Teubner.

Riezler, Einführung in die Kernphysik. München, Oldenbourg.

Riezler-Walcher, Kerntechnik. Stuttgart, Teubner.

Schpolski, Atomphysik, Berlin, Dtsch. Verlag d. Wissenschaften.

Schröder, Atomphysik in Versuchen. Braunschweig, Vieweg & Sohn.

Sommerfeld, Atombau und Spektrallinien. Braunschweig, Vieweg & Sohn.

Zimmer, Umsturz im Weltbild der Physik. München, Hanser.

Diese Werke enthalten z. T. auch Übungsbeispiele, eine größere Zahl von Beispielen findet man darüber hinaus u. a. bei:

Höfling, Physik-Aufgaben. Bonn, Dümmler.

Läuchli, Müller- Physikalische Aufgabensammlung, Zürich, Füssli.

Lindner, Physikalische Aufgaben, Braunschweig, Vieweg & Sohn.

Mahler-Graewe, Physikalische Aufgabensammlung (Sammlung Göschen Bd. 243). Berlin, de Gruyter.

Nikol-Teller, Beispiele und Aufgaben aus der Physik, München, Lindauer.

Scherrer-Stoll, Physikalische Übungsaufgaben (B. J.-Hochschultaschenb. Nr. 32, 33/34), Mannheim.

Vogel-Nikol, Physikalische Aufgabensammlung, Braunschweig, Westermann.

I. Kapitel. Mechanik

1. Größe, Einheit, Zahlenwert

I. Größe. a) In der Physik und Technik benutzt man ausnahmslos Größengleichungen (Formeln), um physikalische Vorgänge und Zustände, die bestimmten Gesetzmäßigkeiten unterliegen, mathematisch zu formulieren. Größengleichungen lassen die Abhängigkeit (die Funktion) einer physikalischen Größe von anderen Größen erkennen. Jeder Größe wird ein Buchstabensymbol (im Druck kursiv) zugeordnet. Zum Aufbau des Systems der Mechanik sind die drei Grundgrößen, und zwar die Länge l, die Masse m und die Zeit t hinreichend, jedoch wird in der Technik häufig noch anstelle der Masse m die Kraft F als dritte Grundgröße verwendet. Alle übrigen Größen der Mechanik sind dann Funktionen dieser Grundgrößen.

b) Jede Größe kennzeichnet physikalische Objekte nicht nur hinsichtlich ihrer Qualität, sondern sie bestimmt auch ihren Charakter (ob Skalar, Vektor oder Tensor u. a.) und die Quantität, die durch ein eindeutig definiertes Meßverfahren festgestellt werden kann. Jeder Größe ist eine Maßeinheit und ein Zahlenwert zugeordnet (vgl. II, III), und es gilt stets die fundamentale Gleichung:

$$\text{Größe} = \text{Zahlenwert mal Einheit.}$$

Bemerkung 1: Mit physikalischen Größen können dieselben mathematischen Rechenoperationen vorgenommen werden wie mit Buchstabenzahlen, sofern es sich bei der Addition und bei der Subtraktion um gleichartige Größen handelt (vgl. Nr. 3).

Bemerkung 2: Will man eine Größe aus gegebenen speziellen Größen ableiten, so werden diese in die Formel eingesetzt und die Einheiten und Zahlenwerte dann so zusammengefaßt, wie es die Größengleichung angibt. So ist z. B. definitionsgemäß der Impuls gleich Masse mal Geschwindigkeit (vgl. Nr. 11), also gilt: $p = mv$. Ist nun etwa $m = 2{,}5$ kg, $v = 4$ m/s, so wird $p = 2{,}5\,\text{kg} \cdot 4\,\text{m/s} = 10\,\text{kgm/s}$. Stets sind also bei einer Größenangabe beide Faktoren, nämlich Zahlenwert und Einheit, niederzuschreiben.

II. Einheiten. a) Zur quantitativen Erfassung der Eigenschaften physikalischer Größen werden international vereinbarte Vergleichsgrößen, die Einheiten, erklärt, denen (im Druck senkrecht gestellte) Einheitenkurzzeichen zugeordnet sind. Für jedes Maßsystem (es können mehrere Verwendung finden) definiert man nach besonderen Gesichtspunkten die Grundeinheiten und die Meßvorschrift. Durch Einsetzen der Grundeinheiten in die Definitionsgleichungen werden abgeleitete Einheiten gefunden (vgl. Nr. 2 und 4).

b) Im praktischen Maßsystem (kurz MKS-System, vgl. Nr. 4) ist die Grundeinheit der Länge 1 m (Meter), der Masse 1 kg (Kilogramm) und der Zeit 1 s (Sekunde). Die Einheit der Kraft wird wegen der Grundgleichung der Dynamik: $F = ma$ (Kraft gleich Masse mal Beschleunigung) zu einer abgeleiteten Einheit mit eigenem Einheitenkurzzeichen 1 N (Newton), und es ist:

$$1\,\mathrm{N} = 1\,\mathrm{kg} \cdot 1\,\mathrm{m/s^2} = 1\,\mathrm{kg\,m/s^2} = 1\,\mathrm{kg\,m\,s^{-2}}.$$

III. Zahlenwerte. Der Zahlenwert (auch Maßzahl oder Meßzahl) gibt an, wieviel mal die Einheit in der Größe enthalten ist. Es gilt also stets: Zahlenwert = Größe/Einheit.

Bemerkung 1: Zahlenwerte sind als Quotienten gleichartiger Größen stets reine Zahlen und keine benannten Zahlen.

Bemerkung 2: Je kleiner (größer) für ein und dieselbe Größe die Einheit gewählt ist, um so größer (kleiner) wird der Zahlenwert.

Bemerkung 3: Steht eine Größe in eckigen Klammern, so definiert dieses Symbol ihre Einheit in dem Maßsystem, in welchem gerechnet wird. Z. B. $[v] = 1$ m/s im MKS-System. Steht dagegen eine Größe in geschweiften Klammern, so definiert jetzt dieses Symbol nur den Zahlenwert der Größe in dem betreffenden Maßsystem. Z. B. $\{v\} =$ $= 10$ im MKS-System.

2. Einheiten der Länge und der Zeit

a) *Längenmessung.* Längeneinheit für das metrische Maßsystem ist das Meter, ursprünglich festgesetzt als der zehnmillionste Teil eines Erdquadranten:

$$1\,\mathrm{m} = 10^{-7}\ \text{Erdquadranten}.$$

1 m wird dargestellt durch den Abstand zweier Strichmarken

auf einem Platin-Iridium-Stab bei 0 °C. Später ergab sich mit wachsender Genauigkeit der Messungen, daß

$$1\ \mathrm{m} = 0{,}999914 \cdot 10^{-7}\ \text{Erdquadranten beträgt,}$$

doch besteht keine Veranlassung, deshalb das Grundmaß zu ändern, weil für die praktischen Anwendungen diese Abweichung meist keine Bedeutung hat, für die Wissenschaft es vielmehr auf die Unveränderlichkeit des einmal angenommenen Grundmaßes ankommt.

Außerdem gilt: 1 m = 1 650 763,73 Wellenlängen der orangefarbenen Kryptonlinie des Isotops 86.

Abgeleitete Längenmaße: mm, cm, dm; dam (Dekameter), hm (Hektometer), km; je 10 Einheiten des kleineren Maßes bilden 1 Einheit des nächstfolgenden Maßes.

Kleinere Längen-Einheiten sind:

1 μm = 1 Mikrometer = 10^{-6} m (oder 10^{-3} mm)
1 nm = 1 Nanometer = 10^{-9} m (oder 10^{-3} μm)
1 pm = 1 Picometer = 10^{-12} m (oder 10^{-3} nm)
1 fm = 1 Femtometer = 10^{-15} m (oder 10^{-3} pm)
1 am = 1 Attometer = 10^{-18} m (oder 10^{-3} fm).

Darüber hinaus benutzt man (auf Licht- und Röntgenstrahlen zugeschnitten):

1 Å = 1 Ångström = 10^{-10} m (oder 10^{-8} cm)
1 X = 1 X-Einheit = 10^{-13} m (oder 10^{-3} Å).

Als größere Längen-Einheiten gibt es:

1 km = 1 Kilometer = 10^3 m
1 Mm = 1 Megameter = 10^6 m (oder 10^3 km)
1 Gm = 1 Gigameter = 10^9 m (oder 10^3 Mm)
1 Tm = 1 Terameter = 10^{12} m (oder 10^3 Gm).

In der Astronomie finden daneben Verwendung:

1 AE = 1 astronomische Einheit (= mittlere Entfernung Erde—Sonne) = $1{,}495 \cdot 10^8$ km,

1 Lichtjahr (= Entfernung, die das Licht in 1 Jahr zurücklegt) $\approx 365 \cdot 24 \cdot 60 \cdot 60 \cdot 300\,000$ km $\approx 9{,}5 \cdot 10^{12}$ km,

1 parsec (Sternweite = Entfernung, von der aus der mittlere Halbmesser der Erdbahn um die Sonne unter dem Winkel 1″ erscheint) = 3,26 Lichtjahre = $3{,}08 \cdot 10^{13}$ km.

b) *Flächenmessung.* Maßeinheit ist 1 m^2 (1 Quadratmeter), das ist die Fläche eines Quadrats von 1 m Seitenlänge.

Abgeleitete Flächenmaße: mm^2, cm^2, dm^2; a, ha, km^2; je 100 Einheiten des kleineren Maßes bilden 1 Einheit des nächstfolgenden Maßes.

c) *Raummessung.* Maßeinheit ist 1 m^3 (1 Kubikmeter), das ist das Volumen eines Würfels von 1 m Seitenkante.

Abgeleitete Raummaße: mm^3, cm^3, dm^3 oder l; dam^3, hm^3, km^3; je 1000 Einheiten des kleineren Maßes bilden 1 Einheit des nächstfolgenden. Außerdem benutzt man: 1 hl = 100 l.

d) *Zeitmessung.* Als Maßeinheit dient 1 s (1 Sekunde), das ist der 24 · 60 · 60ste oder 86 400ste Teil eines aus dem Jahresdurchschnitt gebildeten Sonnentages.

Abgeleitete Zeiteinheiten:

1 ms (1 Millisekunde)	$= 10^{-3}$ s	mit der Verwandlungszahl 1000
1 μs (1 Mikrosekunde)	$= 10^{-6}$ s	
1 min	= 60 s	mit den nicht-dezimalen Verwandlungszahlen 60, 24, 360 (365; 366)
1 h (hora = Stunde)	= 60 min	
1 d (dies = Tag)	= 24 h	
1 a (annus = Jahr)	= 360 (365; 366) d	

Beachte: h in Zeilenhöhe = „Stunde" (Dauer = 5 h 6 min), h hochgestellt = „Uhr" (Zeitangabe = $5^{h}\ 6^{min}$).

e) *Winkelmessung in der Ebene.* Maßeinheit ist 1 rad (Radiant). 1 Radiant ist der Quotient aus der Kreisbogenlängeneinheit und der Kreisradiuseinheit. Der Vollwinkel ist 2π rad.

Bemerkung 1: Winkel werden hauptsächlich in der Geometrie im Winkelmaß gemessen. Die Maßeinheit ist 1° (Grad), das ist 1/360 des Vollwinkels, der also 360° beträgt. Abgeleitete Winkeleinheiten: 1′ (Minute) und 1″ (Sekunde). Umwandlungszahl ist 60.

Bemerkung 2: Für die Umrechnung der im Winkel- und Bogenmaß gemessenen Winkel gilt:

$$1\ \text{rad} \mathrel{\hat{=}} \frac{180°}{\pi}\ ;\ 1° \mathrel{\hat{=}} \frac{\pi}{180}\ \text{rad}.$$

f) *Winkelmessung im Raum.* Maßeinheit ist 1 sterad (Steradiant). 1 Steradiant ist der Quotient aus der Kugelflächeneinheit und dem Quadrat aus der Kugelradiuseinheit. Der Vollwinkel ist 4π sterad.

3. Die Dimension

Die Dimension läßt die Abhängigkeit einer Größe von den drei Grundgrößen, und zwar von der Länge l, von der Masse m und von der Zeit t erkennen. Hierbei werden die Grundgrößen nicht betragsmäßig (quantitativ), sondern nur nach ihrer Art (qualitativ) angegeben.

Größe	Symbol	Dimension	Einheit	
Länge	l	L	1 m	im MKS-System
Zeit	t	T	1 s	
Masse	m	M	1 kg	
Kraft	F	$\mathsf{MLT^{-2}}$	$1\ \mathrm{N} = 1\ \mathrm{kg\,m\,s^{-2}}$	

Bemerkung 1: Gleichartige Größen haben in gleichen Maßsystemen gleiche Dimensionen. Die Umkehrung dieses Satzes gilt nicht immer. So haben Drehmoment und Arbeit zwar die gleiche Dimension, nämlich $\mathsf{ML^2T^{-2}}$, aber sie sind sicherlich keine gleichartigen Größen. (Gleiches gilt u. a. noch für die Wellenzahl und Dioptrie, deren Dimensionen jeweils $\mathsf{L^{-1}}$ sind (vgl. Nr. 48 und 57).

Bemerkung 2: Das Auffinden der Dimensionen einer Größe erfolgt aufgrund der Definitionsgleichung dieser Größe. Z. B. wird wegen $F = ma$: $\dim F = \dim ma = \mathsf{MTL^{-2}}$.

Bemerkung 3: Ein notwendiges Kriterium für die Richtigkeit einer Größengleichung besteht darin, daß auf beiden Seiten der Größengleichung die Dimensionen übereinstimmen.

Bemerkung 4: Aus der Kenntnis der Abhängigkeit einer Größe von gewissen anderen Größen gelingt es oft, den Zusammenhang dieser Größen bis auf einen konstanten Faktor f durch eine Dimensionsbetrachtung zu finden. Die ermittelte Gleichung muß in jedem Fall durch das Experiment geprüft werden. Z. B. Abhängigkeit der Zentripetalkraft Z von der Masse m, der Umfangsgeschwindigkeit v und dem Bahnradius r. Ansatz:

$$Z = f \cdot m^x v^y r^z$$

mit den drei unbekannten Exponenten x, y, und z. dim $Z = \mathsf{MLT^{-2}}$, da Z eine Kraft repräsentiert.
dim $f m^x v^y r^z = \mathsf{M^x L^{y+z} T^{-y}}$. Hieraus folgt durch Vergleich sofort $x = 1$, $y = 2$, $z = -1$. Also hat Z die Gestalt:

$$Z = f\,\frac{mv^2}{r}\,.$$

Diese Gleichung wird durch das Experiment bestätigt, wobei im MKS-System $f = 1$ zu setzen ist (vgl. Nr. 13).

4. Maßsysteme

I. MKS- *und* CGS-*System.* Im praktischen oder MKS-System kommt zu den zwei Grundgrößen der Länge l und der Zeit t als dritte Grundgröße die Masse m. Die Einheit der Masse ist 1 kg (Kilogramm), das ist die Masse von 1 dm³ destillierten Wassers bei 4 °C unter 45° geographischer Breite und Meereshöhe. Abgeleitete Einheiten sind: 1 mg (Milligramm), 1 g (Gramm), 1 Mg (Megagramm oder Tonne). Verwandlungszahl ist wie bei den Raummaßen 1000. In diesem System wird die Einheit der Kraft F (Gewicht G) 1 N (Newton). 1 N ist diejenige Kraft, die der Masse 1 kg die Beschleunigung 1 m/s² erteilt. Im giorgischen oder CGS-System sind die Grundeinheiten 1 cm, 1 g und 1 s. In diesem System ist die Einheit der Kraft 1 dyn. 1 dyn ist diejenige Kraft, die der Masse 1 g die Beschleunigung 1 cm/s² erteilt. In beiden Systemen ist die Krafteinheit eine abgeleitete Einheit. Mechanische Größen haben in diesen verschiedene Zahlenwerte und Benennungen, aber, da die „Grundgrößenarten" dieselben sind (Masse, Länge, Zeit), die gleichen Dimensionen. Es ist:
$1\,\mathrm{N} = 1\,\mathrm{Dyn} = 10^5\,\mathrm{dyn}$; $1\,\mathrm{N} = 1\,\mathrm{kg\,m/s^2}$; $1\,\mathrm{dyn} = 1\,\mathrm{g\,cm/s^2}$; dim $F = \mathsf{MLT^{-2}}$.

II. Technisches System. In diesem System ist neben den beiden Grundgrößen der Länge l und der Zeit t das Gewicht G

(die Kraft F) dritte Grundgröße. Die Einheit des Gewichtes ist 1 kp (Kilopond), das ist das Gewicht von 1 dm³ destillierten Wassers bei 4 °C unter 45° geographischer Breite in Meereshöhe. Abgeleitete Gewichtseinheiten sind: mp (Millipond), p (Pond); Mp (Megapond oder Gewichtstonne). Verwandlungszahl ist wie bei den Raummaßen 1000.

Zwischeneinheit: 1 dz = 100 kp.

Im technischen System wird die Einheit der Masse 1 TME (technische Masseneinheit) zu einer abgeleiteten Einheit. Sie ist diejenige Masse, die durch die Kraft 1 kp die Beschleunigung 1 m/s² erfährt. 1 TME = 1 kp s²/m; dim m = $\mathsf{FT^2L^{-1}}$.

Bemerkung 1: Im MKS-System (bzw. CGS-System) und im technischen Maßsystem haben abgeleitete Größen nicht nur verschiedene Meßwerte und Benennungen, sondern auch ganz verschiedene Dimensionen.

Bemerkungen 2: Für den Übergang von einem Maßsystem in das andere gelten die Umrechnungsbeziehungen:

$$1\ \text{kp} \mathrel{\hat{=}} 9{,}81\ \text{N}; \qquad 1\ \text{TME} \mathrel{\hat{=}} 9{,}81\ \text{kg}$$
$$1\ \text{N} \mathrel{\hat{=}} 0{,}102\ \text{kp}; \qquad 1\ \text{kg} \mathrel{\hat{=}} 0{,}102\ \text{TME}.$$

5. Vektoren und Skalare

I. Vektoren. Viele physikalische Begriffe lassen sich in prägnanter und präziser Form nur dann darstellen, wenn man Vektoren benützt. Vektoren sind Größen, die durch die zwei Stükke, nämlich Betrag und Richtung, bestimmt sind. Sie werden durch gerichtete Strecken in der Ebene oder im Raum veranschaulicht. Zur quantitativen Angabe des Betrages ist ein Maßstab anzugeben (z. B. Kräftemaßstab). Beispiele für Vektoren in der Physik sind: Geschwindigkeit $\boldsymbol{v}$, Kraft $\boldsymbol{F}$, Impuls $\boldsymbol{p}$, Stromdichte $\boldsymbol{J}$, u. a., die im Druck durch fettgedruckte, schräggestellte lateinische oder griechische Buchstaben gekennzeichnet werden. Vektoren in der Physik können frei, linienflüchtig und gebunden vorkommen. (Fig. 1, 2, 3). Sie sind frei, wenn man sie einer Parallelverschiebung unterwerfen kann (z. B. freier Momentenvektor). Linienflüchtig sind solche, wenn sie längs der Geraden, auf denen sie liegen, verschoben werden können (z. B. Kräfte am starren Körper). Sie sind gebunden, wenn sie einen festen Angriffspunkt haben (z. B. Kräfte, die in einem gegebenen Punkt angreifen).

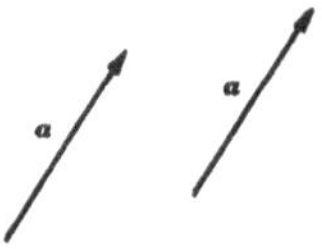

Fig. 1

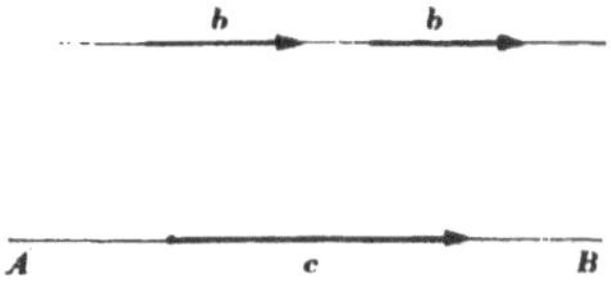

Fig. 2 u. 3

II. Skalare. Ein Skalar ist eine Größe (auch eine Zahl), die allein schon durch einen Meßwert und eine Einheit definiert ist. Beispiele: Masse m, Temperatur T, Arbeit W, Betrag eines Vektors, Spannung, u. a.

III. Rechenoperationen mit Vektoren. α) Addition und Subtraktion. Die Summe $\boldsymbol{a} + \boldsymbol{b}$ zweier Vektoren $\boldsymbol{a}$ und $\boldsymbol{b}$ ist der Vektor $\boldsymbol{c}$, der durch die gerichtete Diagonale des Parallelogramms (Fig. 4) erklärt ist. Die Differenz $\boldsymbol{a} - \boldsymbol{b}$ zweier Vektoren $\boldsymbol{a}$ und $\boldsymbol{b}$ ist der Vektor $\boldsymbol{d}$, der vom Endpunkt des Vektors $\boldsymbol{b}$ nach dem Endpunkt des Vektors $\boldsymbol{a}$ hinführt (Fig. 5), so daß $\boldsymbol{b} + \boldsymbol{d} = \boldsymbol{a}$ wird.

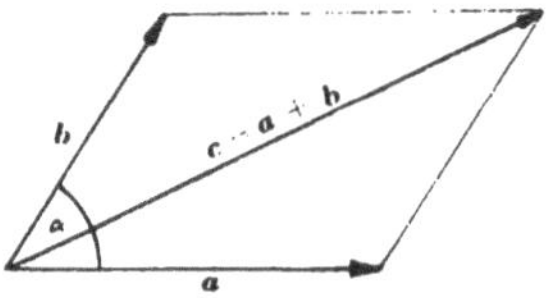

Fig. 4

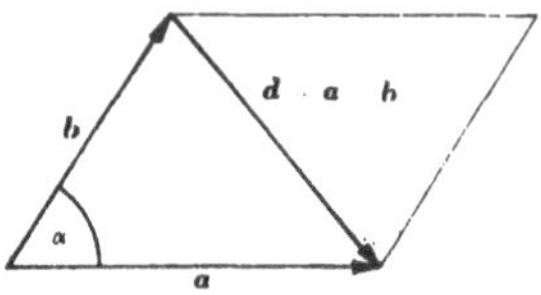

Fig. 5

Nach dem Kosinussatz der Trigonometrie wird c bzw. d:

$$c^2 = a^2 + b^2 + 2ab \cos\alpha$$
$$d^2 = a^2 + b^2 - 2ab \cos\alpha.$$

β) Multiplikation. Es sind drei Produktbildungen erklärt, die streng auseinander zu halten sind.

β_1) Das einfache Produkt t$\boldsymbol{a}$ aus dem Vektor $\boldsymbol{a}$ und dem Skalar t. Dieses Produkt ist ein Vektor, dessen Richtung mit $\boldsymbol{a}$ oder $-\boldsymbol{a}$ übereinstimmt ($-\boldsymbol{a}$ ist der Vektor, der den gleichen Betrag, aber entgegengesetzte Richtung hat wie der Vektor $\boldsymbol{a}$), je nachdem t positiv oder negativ ist, und dessen Betrag gleich dem Produkt der Beträge des Vektors $\boldsymbol{a}$ und des Skalars t ist (Fig. 6):

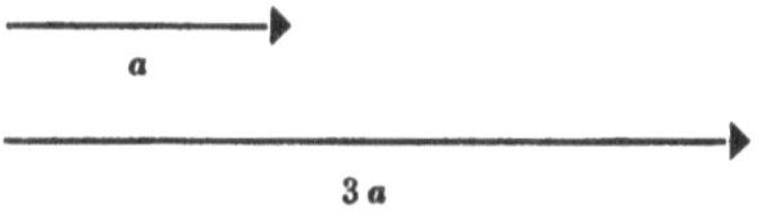

Fig. 6

β_2) Das Skalarprodukt $\boldsymbol{a}\cdot\boldsymbol{b}$ zweier Vektoren $\boldsymbol{a}$ und $\boldsymbol{b}$. Dieses Produkt definiert einen Skalar und ist das Produkt der Beträge der Vektoren $\boldsymbol{a}$ und $\boldsymbol{b}$ multipliziert mit dem Kosinus des von den beiden Vektoren eingeschlossenen Winkels α.

$$\boldsymbol{a}\cdot\boldsymbol{b} = ab\cos\alpha.$$

Aus dieser Definitionsgleichung des Skalarproduktes ergeben sich drei wichtige Sonderfälle:

β_{21}) $\boldsymbol{a}\cdot\boldsymbol{b} = 0$, falls die Vektoren $\boldsymbol{a}$ und $\boldsymbol{b}$ senkrecht aufeinanderstehen.

β_{22}) $\boldsymbol{a}\cdot\boldsymbol{b} = ab$, falls die Vektoren $\boldsymbol{a}$ und $\boldsymbol{b}$ parallel und gleichgerichtet sind.

β_{23}) $\boldsymbol{a}\cdot\boldsymbol{b} = -ab$, falls die Vektoren $\boldsymbol{a}$ und $\boldsymbol{b}$ parallel und entgegengerichtet sind.

β_3) Das Vektorprodukt $\boldsymbol{a}\times\boldsymbol{b}$ zweier Vektoren $\boldsymbol{a}$ und $\boldsymbol{b}$. Dem Skalarprodukt $\boldsymbol{a}\cdot\boldsymbol{b}$ (gesprochen $\boldsymbol{a}$ Punkt $\boldsymbol{b}$) ist das Vektorprodukt $\boldsymbol{a}\times\boldsymbol{b}$ (gesprochen $\boldsymbol{a}$ Kreuz $\boldsymbol{b}$) streng gegenübergestellt. Dieses Produkt definiert einen neuen Vektor $\boldsymbol{c}$, dessen Betrag mit dem Flächeninhalt $A = ab\sin\alpha$, des von den beiden Vektoren $\boldsymbol{a}$ und $\boldsymbol{b}$ aufgespannten Parallelogramms, übereinstimmt. Die Richtung des Vektors $\boldsymbol{c}$ ist durch die Rechtehandregel festgelegt: Zeigt der Daumen der rechten Hand in

Richtung des Vektors $\boldsymbol{a}$, der Zeigefinger in Richtung des Vektors $\boldsymbol{b}$, so gibt der zu beiden Fingern lotrechte Mittelfinger die Richtung des Vektors $\boldsymbol{c} = \boldsymbol{a} \times \boldsymbol{b}$ an (Fig. 7 und Fig. 8).

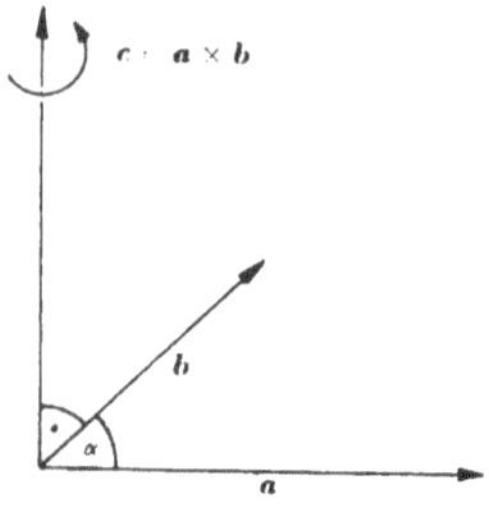

Fig. 7

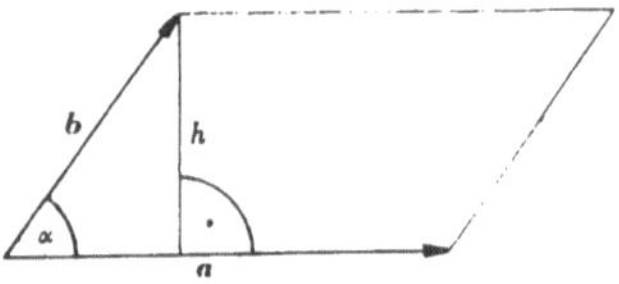

Fig. 8

Aus der Definitionsgleichung des Vektorprodukts ergeben sich die wichtigen Sonderfälle:

β_{31}) $\boldsymbol{a} \times \boldsymbol{b} = 0$, falls die beiden Vektoren $\boldsymbol{a}$ und $\boldsymbol{b}$ gleich- oder entgegengerichtet sind.

β_{32}) $c = ab$, falls die beiden Vektoren $\boldsymbol{a}$ und $\boldsymbol{b}$ senkrecht aufeinanderstehen.

Bemerkung 1: $\boldsymbol{e} = \boldsymbol{a}/a$ heißt man „Einheitsvektor". Er hat die Richtung wie Vektor $\boldsymbol{a}$ und den Betrag 1.

Bemerkung 2: $\boldsymbol{a} = \boldsymbol{0}$ heißt Nullvektor, da der Betrag des Vektors $\boldsymbol{a}$ Null ist.

Fig. 9

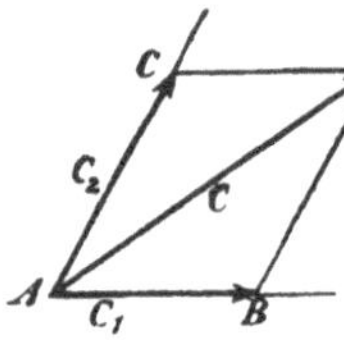

Fig. 10

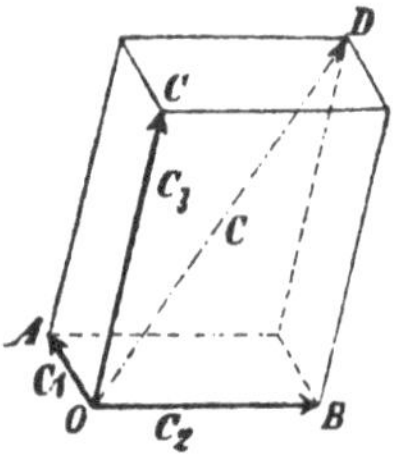

γ) Komponentenzerlegung eines Vektors. Jeder Vektor kann in der Ebene nach 2 (Fig. 9), im Raum nach 3 (Fig. 10) beliebig vorgegebenen Richtungen zerlegt werden. Die so erhaltenen neuen Vektoren heißen die Komponenten des gegebenen Vektors. Die Zerlegung geschieht mit Hilfe des Parallelogramms in der Ebene, bzw. mit Hilfe des Parallelepipeds im Raum.

δ) Gehen von einem Punkt mehrere Vektoren aus, so findet man ihre Summe (Resultierende) folgendermaßen: Zunächst werden zwei Vektoren zu einer Resultierenden zusammengefaßt, hierauf die Resultierende mit dem dritten, usw. (Fig. 11).

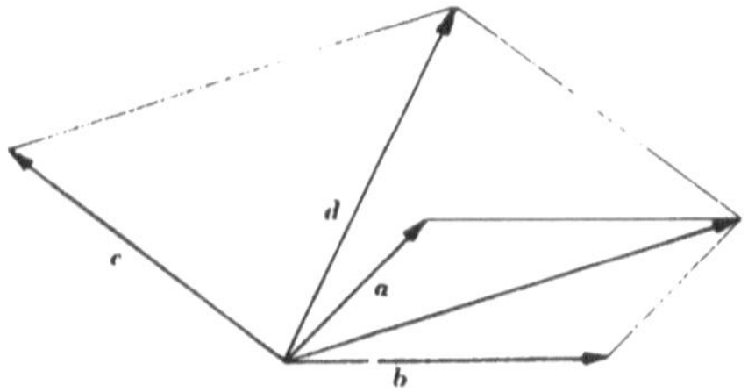

Fig. 11

Bemerkung: Die Schlußlinie kann *0* sein (Nullvektor), wie die Summe der in einem Punkt angreifenden Kräfte bzw. die Summe der von einem Punkt ausgehenden Bewegungen *0* sein kann.

6. Die gleichförmige, geradlinige Bewegung

Eine gleichförmig geradlinige Bewegung ist eine Bewegung, bei der auf gerader Bahn in gleichen Zeiten gleiche Wege zurückgelegt werden. Der Quotient aus Wegzunahme Δs und Zeitzunahme Δt heißt die Geschwindigkeit v. Es ist:

$v = \Delta s/\Delta t;\ \Delta s = v\,\Delta t$

MKS-Einheit: 1 m/s
CGS-Einheit: 1 cm/s
Techn.-Einheit: 1 m/s

In allen drei Systemen wird: dim $v = \mathsf{LT}^{-1}$.

Wird die Zeitzunahme immer vom Zeitpunkt $t = 0$ an gerechnet, so wird:

$$s = vt.$$

Bemerkung 1: Geschwindigkeiten sind gerichtete Größen, also Vektoren, daher ist es korrekter zu schreiben:

$$\boldsymbol{s} = t \cdot \boldsymbol{v}.$$

Bemerkung 2: Wird ein Körper gezwungen, gleichzeitig mehrere Bewegungen auszuführen (z. B. Schiff in einem fließenden Gewässer). so ist das Ergebnis dasselbe, als wenn er die Bewegungen nacheinander während derselben Zeit ausführen würde. Die Resultierende der Bewegungen erfolgt nach den Regeln der Vektorrechnung (Parallelogramm der Bewegungen). Sind zwei Bewegungen geradlinig und gleichförmig, so ist auch die resultierende Bewegung geradlinig und gleichförmig.

7. Die gleichförmig beschleunigte Bewegung

Legt ein Körper in gleichen Zeiten ungleiche Wege zurück, so ist seine Bewegung eine ungleichförmige.

I. Unter der Durchschnittsgeschwindigkeit v_m innerhalb einer von einem Körper durchlaufenen Wegstrecke Δs versteht man den Quotienten aus der Wegzunahme und der Zeitzunahme.

$$v_m = \frac{\Delta s}{\Delta t}; \; \Delta s = v_m \cdot \Delta t.$$

II. Unter der momentanen Geschwindigkeit v in einem Zeitpunkt der Bewegung versteht man den Quotienten aus der Wegdifferenz und der Zeitdifferenz, wenn der Körper sich von jenem Zeitpunkt ab nun gleichförmig weiterbewegen würde.

Genauer: $$v = \lim_{\Delta t \to 0} v_m = \lim_{\Delta t \to 0} \frac{\Delta s}{\Delta t}.$$

III. Der Quotient aus der Geschwindigkeitszunahme Δv zwischen zwei verschiedenen Bahnpunkten und der Zeitzunahme Δt heißt die Durchschnittsbeschleunigung a_m.

$$a_m = \frac{\Delta v}{\Delta t}; \; \Delta v = a_m \cdot \Delta t.$$

Hängt dieser Quotient nicht von der gewählten Länge des Zeitintervalls Δt ab, so ist a_m konstant. Wird wiederum die Zeitzunahme vom Zeitpunkt $t = 0$ an gerechnet, so wird:

$$a = \frac{v}{t}; \; v = at$$

MKS-Einheit von a: 1 m/s²
CGS-Einheit von a: 1 cm/s²
Techn.-Einheit von a: 1 m/s².

In allen drei Systemen wird: $\dim a = \mathsf{LT}^{-2}$.

Bemerkung 1: Handelt es sich um eine beschleunigte Bewegung, die nicht mehr gleichmäßig ist, so ist:

$$a = \lim_{\Delta t \to 0} a_{\mathrm{m}} = \lim_{\Delta t \to 0} \frac{\Delta v}{\Delta t}.$$

Bemerkung 2: Bezeichnen v_0 die Anfangsgeschwindigkeit, a die Beschleunigung, v die Geschwindigkeit zur Zeit t, s den Weg, den der Körper während dieser Zeit zurücklegt, so gelten folgende Beziehungen:

$$v = v_0 + at;\ s = v_0 t + \frac{a}{2} t^2;\ v^2 = v_0^2 + 2as.$$

Für die gleichförmig beschleunigte Bewegung ohne Anfangsgeschwindigkeit lauten die Bewegungsgleichungen:

$$v = at;\ s = \frac{a}{2} t^2;\ v^2 = 2as.$$

Allgemein gilt für jede Bewegung:

$$v = \frac{\mathrm{d}s}{\mathrm{d}t} \text{ und } a = \frac{\mathrm{d}v}{\mathrm{d}t} = \frac{\mathrm{d}^2 s}{\mathrm{d}t^2}$$

$$s = \int v\,\mathrm{d}t \text{ und } v = \int a\,\mathrm{d}t.$$

D. h., die Geschwindigkeit ist die erste, die Beschleunigung die zweite Ableitung des Weges nach der Zeit.

Ist die Bewegung gleichmäßig verzögert und bedeutet a die (konstante) Verzögerung, so ist:

$$v = v_0 - at;\ s = v_0 t - \frac{a}{2} t^2;\ v^2 = v_0^2 - 2as.$$

Bemerkung 3: Beschleunigungen sind wie Geschwindigkeiten Vektoren; auf sie können gleichfalls die Regeln der Vektorrechnung angewendet werden.

8. Freier Fall und Bewegung auf der schiefen Ebene

a) Im luftleeren Raum fallen am gleichen Beobachtungsort alle Körper gleich schnell.

Der freie Fall ist eine gleichmäßig beschleunigte Bewegung mit der Fallbeschleunigung $g \approx 9{,}81\ \mathrm{m/s^2}$ (auf der Erde):

$$v = gt;\ s = \frac{g}{2}\, t^2;\ v^2 = 2gs.$$

Genaue Werte der Fallbeschleunigung auf der abgeplatteten Erde (in normaler Meeresspiegelhöhe):

Am Äquator	$g_a = 9{,}78\,049\ \mathrm{m\,s^{-2}}$	Normwert:
unter 45° Breite	$g_{45} = 9{,}80\,629\ \mathrm{m\,s^{-2}}$	$g = 9{,}80\,665\ \mathrm{m\,s^{-2}}$
am Pol	$g_p = 9{,}83\,221\ \mathrm{m\,s^{-2}}$	(im J. 1901 festgesetzt)

Für andere Himmelskörper gelten andere Fallbeschleunigungen.

α) Die Fallgeschwindigkeiten wachsen proportional den Fallzeiten.

β) Die Fallstrecken in den einzelnen Sekunden (die sog. Sekundenwege) wachsen wie die ungeraden Zahlen.

γ) Die Fallstrecken von Anfang an gerechnet bis zum Ende der einzelnen Sekunden (die Gesamtwege) wachsen wie die Quadrate der Zeiten.

b) Ist α der Neigungswinkel der *schiefen Ebene*, so gelten für die gleichförmig beschleunigte Bewegung längs derselben die Formeln (h Höhe der schiefen Ebene):

$$v = g \sin\alpha \cdot t$$
$$s = \tfrac{1}{2} \cdot g \sin\alpha \cdot t^2$$
$$v^2 = 2 \cdot g \sin\alpha \cdot s = 2\,gh.$$

Hat aber der Punkt die Anfangsgeschwindigkeit v_0, so ist:

$$v = v_0 \pm g \sin\alpha \cdot t$$
$$s = v_0 t \pm \tfrac{1}{2} \cdot g \sin\alpha \cdot t^2$$
$$v^2 = v_0^2 \pm 2 \cdot g \sin\alpha \cdot s.$$

Das $+$-Zeichen gilt für die Bewegung nach abwärts, das $-$-Zeichen für die Bewegung nach aufwärts, in diesem Fall handelt es sich um eine gleichmäßig verzögerte Bewegung.

9. Der Wurf

a) Senkrechter Wurf. Ein mit der Geschwindigkeit v_0 senkrecht abwärts bzw. aufwärts geworfener Massenpunkt führt eine gleichmäßig beschleunigte bzw. verzögerte Bewegung mit der Beschleunigung (Verzögerung) g aus:

$$v = v_0 \pm gt; \; s = v_0 t \pm \frac{1}{2} g t^2; \; v^2 = v_0{}^2 \pm 2gs.$$

Für den senkrechten Wurf nach oben ist die Steigdauer t_1 bzw. die Steighöhe s_1:

$$t_1 = v_0/g, \qquad s_1 = v_0^2/2\,g;$$

ferner gilt für diesen Fall:

Der Massenpunkt erreicht den Ausgangspunkt seiner Bahn mit der gleichen Geschwindigkeit, mit der er ihn verließ. Ein senkrecht in die Höhe geworfener Körper steigt ebenso lange, wie er fällt.

Da man ferner jeden Punkt der Wurfbahn als Ausgangspunkt der Bewegung betrachten kann, so durchläuft der Massenpunkt irgendeine seine Bahn durchschneidende waagerechte Ebene beim Hinauf- und Hinabsteigen mit der gleichen Geschwindigkeit, und die beiden Zeitpunkte des Durchgangs liegen vom Augenblick der höchsten Erhebung gleich weit ab.

b) Schräger Wurf. Ein Massenpunkt wird mit der Geschwindigkeit v_0 unter dem Erhebungswinkel α gegen die Waagerechte schräg nach oben geworfen (Fig. 12).

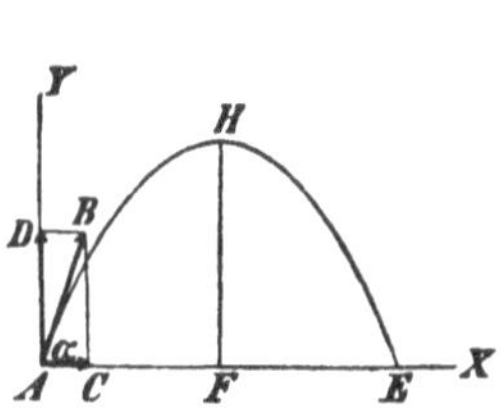

Fig. 12

Waagerechte Komponente der Anfangsgeschwindigkeit v_0:

$$\overline{AC} = v_x = v_0 \cos\alpha,$$

senkrechte Komponente:

$$\overline{AD} = v_y = v_0 \sin\alpha;$$

erstere ändert sich während der Bewegung nicht, letztere beträgt nach der Zeit t:

$$v_y = v_0 \sin\alpha - gt.$$

Die Projektionen x und y des in der Zeit t zurückgelegten Weges auf die Achsen sind:

$$x = v_0 \cos\alpha \cdot t,$$
$$y = v_0 \sin\alpha \cdot t - \tfrac{1}{2} g t^2.$$

Bahngleichung: $$y = x \cdot \tan\alpha - \frac{g x^2}{2 v_0^2 \cdot \cos^2\alpha}.$$

Der bewegte Punkt beschreibt eine Parabel nach Fig. 12.

Wurfweite $\overline{AE} = x_w = \frac{v_0^2}{g} \sin 2\alpha$,

sie ist am größten für $\alpha = 45°$; für komplementäre Erhebungswinkel ist sie gleichgroß.

Die Zeit, die der Punkt zum Erreichen seiner größten Erhebung benötigt, ist

die Steigzeit $t_h = \frac{v_0}{g} \sin\alpha$.

Die Wurfhöhe $\overline{FH} = y_h = \frac{v_0^2}{2g} \sin^2\alpha$.

Die Geschwindigkeit v zur Zeit t ist gegeben durch:

$$\begin{aligned} v^2 &= v_x^2 + v_y^2 \\ &= v_0^2 + g^2 t^2 - 2\, g t\, v_0 \sin\alpha \\ &= v_0^2 - 2\, g y. \end{aligned}$$

Der Winkel γ zwischen der Richtung von v und der Waagerechten ist:

$$\tan\gamma = \tan\alpha - \frac{g t}{v_0 \cos\alpha}.$$

Besonderer Fall: Waagerechter Wurf (+ y-Achse nach unten):

$$v_x = v_0 \qquad x = v_0 t$$
$$v_y = g t \qquad y = \tfrac{1}{2} g t^2.$$

Alle Formeln dieser Nummer gelten streng nur für die Bewegung im luftleeren Raum.

10. Die Newtonschen Bewegungsgesetze (Axiome)

a) Jeder sich selbst überlassene Körper besitzt im luftleeren Raum ein Gewicht, das sich darin äußert, daß er auf seine Unterlage drückt; er besitzt also die Eigenschaft der „Schwere“.

Jeder Körper braucht eine gewisse Zeit, um seinen Bewegungszustand zu ändern, er ist träge; das Maß dieser Eigenschaft ist die „träge Masse“.

b) 1. *Bewegungsgesetz von Newton*, das Gesetz des Beharrungsvermögens oder der Trägheit: Jeder Körper verharrt in dem Zustand der Ruhe oder der gleichförmigen Bewegung in geradliniger Bahn, wenn er nicht durch äußere Kräfte gezwungen wird, diesen Bewegungszustand zu ändern.

c) 2. *Bewegungsgesetz von Newton*: Die Beschleunigung ist der Einwirkung der bewegenden Kraft proportional und erfolgt in der Richtung der geraden Linie, in der die Kraft wirkt.

Bewegende Kraft = Masse mal Beschleunigung

$$\boldsymbol{F} = m\boldsymbol{a}.$$

Allgemeine Formulierung: Die Änderung der Bewegungsgröße (des Impulses, vgl. Nr. 11) ist nach Größe und Richtung proportional der wirkenden Kraft $\boldsymbol{F}$, als Formel:

$$\boldsymbol{F} = \frac{\mathrm{d}}{\mathrm{d}t}(m\boldsymbol{v}).$$

d) 3. *Bewegungsgesetz von Newton*: Die Wirkungen zweier Körper aufeinander sind stets einander gleich und von entgegengesetzter Richtung (Prinzip von actio und reactio).

Bemerkung 1: Nach der Relativitätstheorie gilt bei sehr hohen Geschwindigkeiten v und bei zeitlich veränderlichen Massen m, allgemeiner:

$$\boldsymbol{F} = \frac{\mathrm{d}}{\mathrm{d}t} \cdot \frac{\mathrm{m}_0 \boldsymbol{v}}{\sqrt{1 - v^2/c^2}}.$$

m_0 ist die Ruhemasse, c die Lichtgeschwindigkeit (vgl. Nr. 61). Die Größe:

$$m = \frac{m_0}{\sqrt{1 - \frac{v^2}{c^2}}}$$

heißt die „Impulsmasse". Da m mit zunehmender Geschwindigkeit v wächst, darf in $\boldsymbol{F} = \frac{\mathrm{d}}{\mathrm{d}t}(m\boldsymbol{v})$ die Masse m nicht mehr vor das Differentiationssymbol $\frac{\mathrm{d}}{\mathrm{d}t}$ gesetzt werden.

11. Impuls, Impulserhaltungssatz

I) Unterliegt die Masse m der steten Einwirkung der zeitlich unveränderlichen Kraft F, so bewegt sie sich geradlinig und gleichmäßig beschleunigt, und es ist:

a) vektoriell: $\boldsymbol{p} = m\boldsymbol{v} = \boldsymbol{F}t$; $\boldsymbol{F}s = \frac{1}{2}\, m\boldsymbol{v}^2$
b) skalar: $p = mv = Ft$; $Fs = \frac{1}{2}\, mv^2$.

Besaß jedoch die Masse, als die Kraft F zu wirken begann, die Geschwindigkeit v_0, so ist, je nachdem, ob v oder v_0 größer ist:

$$m(v - v_0) = \pm Ft$$
$$F(s - s_0) = \pm \tfrac{1}{2}\, m(v^2 - v_0^2).$$

Das Produkt mv heißt Bewegungsgröße oder der Impuls, das Produkt Ft die „Zeitsumme der Kraft" oder der Kraftstoß. Es ist also der Impuls gleich dem Kraftstoß. Allgemeiner ist bei zeitlicher Veränderung der Kraft das Zeitintegral der Kraft $\int \boldsymbol{F}\,\mathrm{d}t$ gleich der gesamten Änderung der Bewegungsgröße. Formelmäßig:

$$\int_{t_0}^{t_1} \boldsymbol{F}\,\mathrm{d}t = \boldsymbol{p}_1 - \boldsymbol{p}_0.$$

Das Produkt Fs heißt die Beschleunigungsarbeit. Diese ist also gleich dem halben Produkt der Masse m und dem Quadrat der Geschwindigkeit v, der kinetischen Energie E_k der Masse m.

$$\dim p = \mathsf{MLT^{-1}};\ \dim E_k = \mathsf{ML^2T^{-2}}.$$

II) Impulserhaltungssatz. Wirkt in einem abgeschlossenen System, in dem also nur innere Kräfte auftreten, auf die Massen m_1 und m_2, die anfänglich die Geschwindigkeiten u_1 und u_2 hatten, ein und dieselbe Kraft gleich lang ein und erhalten sie dadurch die Geschwindigkeiten v_1 und v_2, so ist:

$$m_1 u_1 + m_2 u_2 = m_1 v_1 + m_2 v_2.$$

Die Summe der Impulse vor dem Stoß (Krafteinwirkung) ist gleich der Summe der Impulse nach dem Stoß (Krafteinwirkung). Der Schwerpunkt des abgeschlossenen Systems wird hierbei nicht verändert.

12. Arbeit, Energie, Leistung, Wirkung

I. Arbeit. Arbeit W ist das skalare Produkt aus der Kraft $\boldsymbol{F}$ und dem Weg $\mathbf{s}$, oder das Produkt aus der Kraft und der Wegkomponente in Kraftrichtung (= Kraftkomponente in Wegrichtung).

Formel: $W = \boldsymbol{F}\mathbf{s} = F \cdot s \cos\alpha = (F \cos\alpha) \cdot s.$

MKS-Einheit: 1 Nm (Newtonmeter) = 1 J (Joule);
1 Nm ist diejenige Arbeit, die verrichtet wird, wenn die Kraft 1 N längs eines Weges von 1 m wirkt, ohne Rücksicht auf die dazu benötigte Zeit. dim $W = \mathsf{ML^2T^{-2}}$.

CGS-Einheit: 1 dyn cm = 1 erg; 1 erg ist diejenige Arbeit, die verrichtet wird, wenn längs eines Weges von 1 cm die Kraft 1 dyn wirkt. dim $W = \mathsf{ML^2T^{-2}}$.

Technische Einheit: 1 kpm, d. i. die Arbeit, die verrichtet wird, wenn längs eines Weges von 1 m die Kraft 1 kp wirkt. dim $W = \mathsf{FL}$.

Unrechnungsbeziehungen:

$$1\ \text{J} = 1\ \text{Nm} = 10^5\ \text{dyn} \cdot 10^2\ \text{cm} = 10^7\ \text{erg}$$

$$1\ \text{kpm} \mathrel{\hat{=}} 9{,}81\ \text{Nm};\ 1\ \text{Nm} \mathrel{\hat{=}} 0{,}102\ \text{kpm}.$$

II. Energie. Energie E ist die Fähigkeit, Arbeit zu verrichten. Sie wird in Arbeitseinheiten gemessen.

III. Leistung. Leistung P ist der Quotient aus der Arbeit W und der Zeit t, oder gleich dem Produkt aus der Kraft F und der Geschwindigkeit v. Formelmäßig:

$$P = \frac{W}{t} = \frac{F \cdot s}{t} = F v.$$

MKS-Einheit: 1 W (Watt) = 1 Nm/s = 1 J/s
CGS- Einheit: 1 erg/s.
In beiden Systemen wird dim $P = \mathsf{ML^2T^{-3}}$.

Techn. Einheit: 1 PS (Pferdestärke) = 75 kpm/s; dim $P = \mathsf{FLT^{-1}}$.

Umrechnungsbeziehungen:

$$1\,\text{kW} = 1000\,\text{W};\ 1\,\text{PS} \mathrel{\hat=} 736\,\text{W}.$$

Bemerkung: 1 PSh (Pferdestärkenstunde) bzw. 1 kWh (Kilowattstunde) ist die Arbeit von 1 PS bzw. 1 kW während einer Stunde.

IV. Wirkung. Wirkung H ist das Produkt aus der Arbeit W und der Zeit t.

$$H = Wt.$$

MKS-Einheit: 1 Nm = 1 Js
CGS-Einheit: 1 ergs
} dim $H = \mathsf{ML^2T^{-1}}$.

Bemerkung: In der Quantenmechanik wird besonders das Plancksche Wirkungsquantum $h = 6{,}625 \cdot 10^{-34}$ Js $= 6{,}625 \cdot 10^{-27}$ ergs wichtig.

V. Nutzeffekt oder Wirkungsgrad. Der Nutzeffekt η ist der Quotient aus der gewonnenen Arbeit W_g und der aufgewandten Arbeit W_a. Formelmäßig: $\eta = W_g/W_a$.
dim $\eta = 1$ in allen drei Maßsystemen.

VI. Formen der Arbeit und der mechanischen Energie.

a) Hubarbeit: $W_h = Gh = mgh$.
Lageenergie oder potentielle Energie: $E_p = mgh$.

b) Beschleunigungsarbeit: $W_b = \frac{m}{2} v^2$.
Bewegungsenergie oder kinetische Energie: $E_k = \frac{m}{2} v^2$.

c) Spannarbeit einer elastischen Feder: $W_s = \frac{1}{2} D_s s^2$.
Federenergie: $E_s = \frac{1}{2} D_s s^2$.

Hierbei ist D_s die Richtgröße der Feder, die gleich ist dem Quotienten aus der an der Feder angreifenden Kraft F und der

Verlängerung der Feder s. Im MKS-System gibt die Richtgröße (Federkonstante) diejenige Kraft an, welche auf die Feder ausgeübt werden muß, damit die Verlängerung der Feder 1 m wird. dim $D_s = \mathsf{MT}^{-2}$.

d) Reibungsarbeit: $W_R = R \cdot s$
keine mechanische Energie, dagegen Wärme $Q = j_1 \cdot R \cdot s$ (vgl. Nr. 46, IV).

13. Die Zentralbewegung

Die einfachste aller Zentralbewegungen ist diejenige, bei der eine Kreisbahn vom Halbmesser r mit der gleichbleibenden Geschwindigkeit v durchlaufen wird.

Die auftretende Radialbeschleunigung a liegt in der Richtung des Halbmessers (Leitstrahles) gegen den Mittelpunkt zu und hat die Größe

$$a = v^2/r\,.$$

Unter dem Betrag der Winkelgeschwindigkeit ω (oder der Kreisfrequenz) versteht man den Quotienten des vom Fahrstrahl r überstrichenen Winkels φ und der dazu benötigten Zeit t. Formelmäßig:

$$\omega = \frac{\varphi}{t}\,;\ \varphi = \omega t;\ t = \frac{\varphi}{\omega}\,,$$

wenn die Zeitmessung wieder von $t = 0$ geschieht (vgl. Nr. 7, analoge Definition von v). Da aber die Umfangsgeschwindigkeit v des Massenpunktes m der Quotient aus dem durchlaufenen Kreisbogen b und der Zeit t ist, wird $v = r\omega$ und $a = r\omega^2$.

Bemerkung 1: Der Winkel φ wird hier im Bogenmaß gemessen, also in rad (vgl. Nr. 2, e).

Bemerkung 2: Die Winkelgeschwindigkeit ω ist ein axialer Vektor und es ist definitionsgemäß:

$$\boldsymbol{v} = \boldsymbol{r} \times \boldsymbol{\omega}$$
$$\boldsymbol{a} = \boldsymbol{\omega} \times \boldsymbol{v}.$$

Ist F die Umlaufszeit und f die Umlaufszahl des Massenpunktes, so gelten die Gleichungen:

$$f = \frac{1}{T}\,;\ \omega = \frac{2\pi}{T} = 2\pi f$$
$$v = 2\pi\, r : T^1 = 2\pi\, r f$$
$$a = 4\pi^2 r : T^2 = 4\pi^2 r\, f^2.$$

Ist m die Masse des kreisenden Körpers, so ist der Betrag der zum Zentrum gerichteten Radialkraft (Zentripetalkraft) gegeben durch:

$$F = mv^2 : r = mr\omega^2 = 4\pi^2 mr : T^2 = 4\pi^2 mr\, f^2.$$

Bemerkung 2: Auf Grund der Drehung der Erde um ihre Achse greift an jedem Körper der Erdoberfläche (und nicht nur an diese) die Zentripetalkraft:

$$Z = m\omega^2\, R \cos\varphi$$

an. (R = Erdhalbmesser, φ = geographische Breite), die in eine Komponente Z_R in Richtung des Erdhalbmessers und in eine Komponente Z_T in tangentialer Richtung zerlegt werden kann, mit

$$Z_R = m\omega^2 R \cos^2\varphi;\ Z_T = m\omega^2 R \sin\varphi \cos\varphi.$$

14. Die harmonische Bewegung

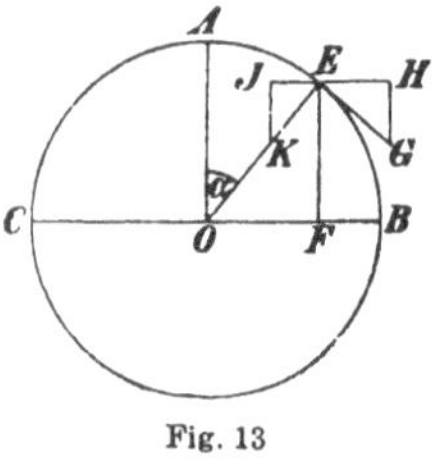

Fig. 13

Bewegt sich ein Punkt auf einer Kreisbahn mit gleichförmiger Geschwindigkeit v_0, so führt seine Projektion auf einen Durchmesser eine schwingende Bewegung aus, die **harmonische Bewegung** heißt. In Fig. 13 sei A der sich bewegende Punkt, O der Mittelpunkt des Kreises vom Halbmesser r, ferner $\overline{CB} \perp \overline{AO}$ und derjenige Durchmesser, auf welchen der Punkt A projiziert wird, E der Ort des Punktes A, an welchen er nach der Drehung um den Winkel α gelangt, F dessen Projektion auf

$\overline{CB}$, $\overline{EG}$ der Betrag der Tangentialgeschwindigkeit v_0 und $\overline{EK}$ der Betrag der Radialbeschleunigung a_0 des Punktes E.

Sodann ist der von dem Punkt F zurückgelegte Weg

$$\overline{OF} = x = r \sin \alpha.$$

Ist T die Umlaufszeit von A bzw. die Zeit einer vollständigen Schwingung von F und t die Phasenzeit, d. h. die Zeit, die A braucht, um nach E zu kommen, so gilt:

$$t : T = \alpha : 2\pi.$$

Damit wird der Weg

$$x = r \sin 2\pi \frac{t}{T}$$

oder mit den Bezeichnungen der vorigen Nr.:

$$x = r \sin 2\pi ft = r \sin \omega t.$$

Die Geschwindigkeit ist mithin:

$$v_x = \frac{dx}{dt} = \frac{2\pi r}{T} \cos 2\pi \frac{t}{T}$$

$$= v_0 \cos \frac{2\pi t}{T} = v_0 \cos 2\pi ft = v_0 \cos \omega t.$$

Die Beschleunigung a_x wird demnach:

$$a_x = \frac{d^2x}{dt^2} = -\frac{4\pi^2 r}{T^2} \sin 2\pi \frac{t}{T}$$

$$= -a_0 \sin \frac{2\pi t}{T} = -a_0 \sin 2\pi nt = -a_0 \sin \omega t,$$

wenn a_0 die in der vorigen Nummer angegebene Beschleunigung des Kreispunktes ist. Ferner gilt auch:

$$a_x = -\frac{4\pi^2}{T^2} \cdot x = -\omega^2 x.$$

Die Kraft F_x hat mithin den Betrag:

$$F_x = ma_x = m\frac{d^2x}{dt^2} = -\frac{4\pi^2}{T^2} mx = -m\omega^2 x,$$

d. h., bei der harmonischen Bewegung ist die Beschleunigung bzw. die Kraft proportional dem Abstand des Punktes aus der Ruhelage.

Die harmonische Bewegung ist eine einfach periodische Bewegung. Spezielle Werte s. Tabelle.

Zeit	0	$t = \frac{1}{4} T$	$t = \frac{2}{4} T$	$t = \frac{3}{4} T$	$t = \frac{4}{4} T$
Weg	0	$+ r$	0	$- r$	0
Geschwindigkeit	$+ v_0$	0	$- v_0$	0	$+ v_0$
Beschleunigung	0	$- a_0$	0	$+ a_0$	0
Kraft	0	$- m a_0$	0	$+ m a_0$	0

Zusatz. Berücksichtigt man nur die Größe und nicht die Richtung der auftretenden Beschleunigung, so gilt:

$$T = 2\pi \sqrt{\frac{x}{a_x}} = 2\pi \sqrt{\frac{mx}{F_x}}$$

15. Das mathematische Pendel

Die Bewegung des Pendels ist eine oszillatorische; jeder Hin- und Hergang wird eine Schwingung genannt, die darauf verwandte Zeit heißt Schwingungsdauer, und der Winkel α, um welchen sich das Pendel aus seiner lotrechten Gleichgewichtslage entfernt, Schwingungsweite oder Amplitude. $\overline{OA}$ (Fig. 14) sei ein mathematisches Pendel von der Länge l. In dieser Lage wirkt auf den Massenpunkt A die Schwerkraft und erteilt ihm die Beschleunigung vom Betrag

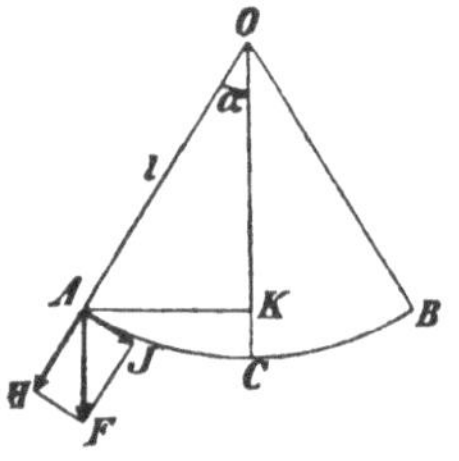

Fig. 14

$$\overline{AF} = g.$$

Diese kann in die unwirksame Komponente

$$\overline{AH} = g \cdot \cos \alpha$$

nach der Fadenrichtung und in eine dazu senkrechte zweite Komponente

$$\overline{AJ} = g \cdot \sin \alpha$$

zerlegt werden. Letztere gibt die Beschleunigung a des Punktes A in seiner Bahn an. Fällt man auf $\overline{OC}$ das Lot $\overline{AK} = x$, so ist

$$\sin \alpha = \frac{x}{l} \cdot$$

Läßt man nur kleine Amplituden zu, so darf man die Strecke $\overline{AK} = x$ durch den Bogen $\widehat{AC}$ ersetzen, und es ist

$$a = \overline{AJ} = \frac{g}{l} \cdot x\,,$$

d. h., die Beschleunigung ist dem Abstand des Punktes von der Ruhelage proportional, die Bewegung ist also eine harmonische. Somit beträgt die Dauer einer vollständigen Schwingung

$$T = 2\pi \sqrt{\frac{l}{g}}\,,$$

in Worten:

a) Die Schwingungsdauer ist von der Größe der bewegten Masse unabhängig.

b) Die Schwingungsdauer ist bei kleinen Ausschlägen von der Amplitude unabhängig.

c) Die Schwingungsdauer ist der Quadratwurzel aus der Pendellänge direkt proportional.

d) Die Schwingungsdauer ist der Quadratwurzel aus der Fallbeschleunigung umgekehrt proportional.

Zusatz 1. Mißt man die Länge l eines Pendels und bestimmt seine Schwingungsdauer T, so läßt sich aus obiger Gleichung die Fallbeschleunigung g ermitteln:

$$g = 4\pi^2 \cdot l/T^2.$$

Zusatz 2: Die Länge des Sekundenpendels (mit $T/2 = 1$ s) ist: $l = g/\pi^2$.

16. Axiome der Statik. Statik in der Ebene und im Raum

I. Axiom 1. Die Kraft F ist ein gebundener Vektor, der von einem Angriffspunkt ausgeht und stets in der Wirkungslinie liegt.

II. Axiom 2. An einem starren Körper ist die Kraft ein linienflüchtiger Vektor; sie kann immer längs ihrer Wirkungslinie beliebig weit verschoben werden.

III. Axiom 3. Die Vektoren der Kräfte, die zwei Körper aufeinander ausüben, sind entgegengesetzt gleich (actio = reactio). Kräfte treten immer paarweise auf.

IV. Gleichgewicht von Kräften. a) Greift an einem Körper eine einzige Kraft an, so kann sie, ohne daß sich nur irgend etwas an der Wirkung ändert, in der Wirkungslinie verschoben werden (Axiom 2). b) Die Zusammensetzung von Kräften, die an ein und demselben Punkt eines starren Körpers angreifen, erfolgt nach den Regeln der Vektorrechnung. Insbesondere sind zwei Kräfte, die einander das Gleichgewicht halten, gleich groß und von entgegengesetzter Richtung. Greifen mehrere Kräfte in einem Punkt an (Fig. 15), so herrscht dann und nur dann Gleichgewicht, wenn die Resultierende dieser Kräfte Null ist. Es gilt:

$$\boldsymbol{F}_1 + \boldsymbol{F}_2 + \boldsymbol{F}_3 + \cdots + \boldsymbol{F}_n = \sum_{i=1}^{n} \boldsymbol{F}_i = 0.$$

Das Krafteck (Fig. 16) wird in diesem Fall für $n = 2$ ein Punkt, für $n = 3$ ein Dreieck.

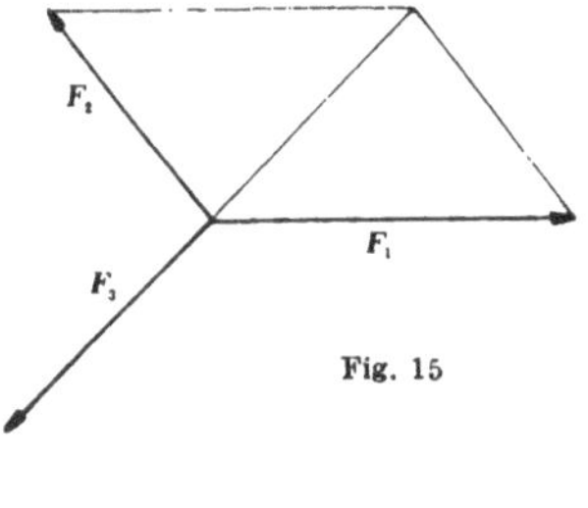

Fig. 15

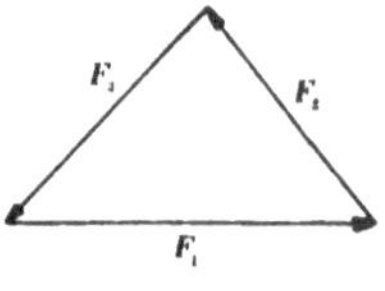

Fig. 16

Ist $\sum_{i=1}^{n} \boldsymbol{F}_i = \boldsymbol{F}$, also von Null verschieden, also das Krafteck nicht mehr offen, so läßt sich immer durch Addition einer gleich großen aber entgegengesetzt gerichteten Kraft $-\boldsymbol{F}$ das Gleichgewicht wiederherstellen.

c) Die Wirkung eines Systems von Kräften, die an einem Körper angreifen, ändert sich nicht, wenn man noch weitere Kräfte hinzufügt oder wegnimmt, die einander das Gleichgewicht halten.

d) Projektionssatz. Wirkt eine Kraft $\boldsymbol{F}$ unter dem Winkel α zu einer vorgeschriebenen Richtung, so hat die in diese Richtung fallende Komponente (Fig. 17) den Betrag $F_1 = F \cos \alpha$.

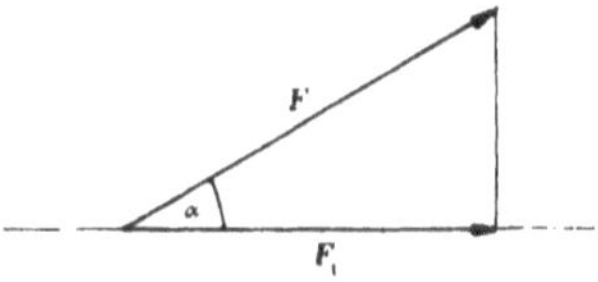

Fig. 17

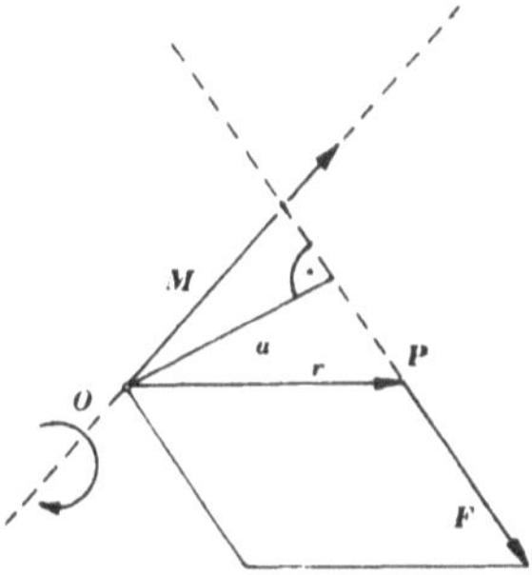

Fig. 18

V. Gleichgewicht eines starren Körpers, der nur um eine festgelagerte Achse drehbar ist. a) Drehmoment. Unter dem Drehmoment $\boldsymbol{M}$ einer in einem Punkt P angreifenden Kraft $\boldsymbol{F}$ bezüglich des Drehzentrums 0 versteht man den Vektor $\boldsymbol{M} = \boldsymbol{r} \times \boldsymbol{F}$, wenn $\boldsymbol{r}$ der von 0 nach dem Punkt P gezogene Vektor ist (Fig. 18).

Es ist: $M = aF$, wenn a die Lotlänge des von 0 auf die Wirkungslinie der Kraft F gefällten Lotes ist.

MKS-Einheit: 1 Nm; CGS-Einheit: 1 dyncm; dim $\boldsymbol{M} = $
$= \mathsf{ML^2T^{-2}}$

Techn.-Einheit: 1 kpm; dim $\boldsymbol{M} = \mathsf{FL}$.

b) Ein um eine Achse z drehbarer Körper ist im Gleichgewicht, wenn die Summe aller der nach rechts drehenden Momente (im Uhrzeigersinn) gleich der Summe aller der nach links drehenden Momente (im Gegenzeigersinn, also im mathematisch positiven Sinn) ist (Fig. 19).

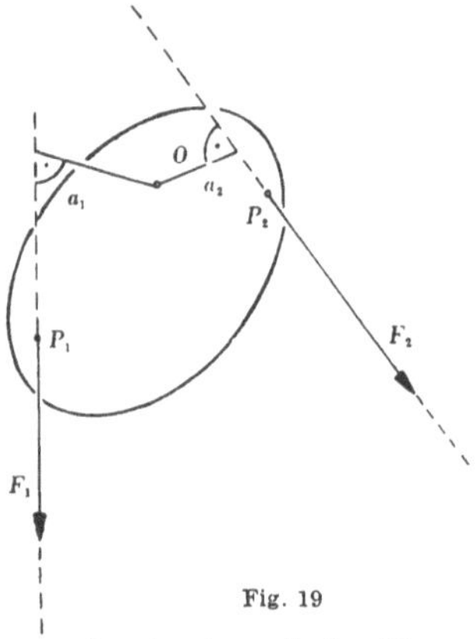

Fig. 19

Hieraus folgt das Hebelgesetz für den zweiarmigen Hebel in Kurzform: Kraft mal Kraftarm = Last mal Lastarm.

$$F_1 a_1 = F_2 a_2.$$

c) Kräftepaar. α) Zwei gleiche, aber entgegengesetzt gerichtete parallele Kräfte $\boldsymbol{F}$ und $-\boldsymbol{F}$, deren Wirkungslinien den Abstand d haben, erzeugen ein Kräftepaar von der Größe $\pm Fd$ je nach dem Drehsinn. Das Kräftepaar kann durch einen freien Momentenvektor $\boldsymbol{M}$ ersetzt werden, der in Richtung der von den beiden Kräften $\boldsymbol{F}_1$ und $\boldsymbol{F}_2$ aufgespannten Ebenennormalen zeigt und den Betrag $M = dF$ hat.

d) Statik im Raum.

α) Der Winder. Ein System aller an einem Körper in verschiedenen Richtungen angreifenden Kräfte kann man durch eine resultierende Kraft und ein Kräftepaar (oder freien Momentvektor) ersetzen. Ein System aus Kraftvektor plus Momentvektor heißt Winder.

β) Das Kraftkreuz. Ein System zweier Kräfte mit zueinander windschiefen Wirkungslinien nennt man ein Kraftkreuz. Greifen an einen Körper mehrere Kräfte an, so läßt sich diese Einwirkung stets auf ein Kraftkreuz zurückführen.

γ) Die Kraftschraube. Diese ist ein Winder, dessen Kraftvektor $\boldsymbol{F}$ und Momentvektor $\boldsymbol{M}$ in derselben Wirkungslinie liegen und gleiche oder entgegengesetzte Richtung haben. Die allgemeinste Beanspruchung eines starren Körpers durch Kräfte läßt sich stets durch eine Kraftschraube darstellen.

17. Schwerpunkt. Schwerpunktsatz

a) Infolge der Erdschwere wirken auf die Massenteilchen $m_1, m_2, m_3, \ldots$ eines starren Körpers die unter sich parallelen Kräfte des Körpers $m_1 g, m_2 g, m_3 g, \ldots$ Solche Kräfte haben immer eine Resultante, die stets durch den Mittelpunkt geht, welche Lage der Körper auch einnehmen mag. Man nennt diesen Mittelpunkt den Schwerpunkt des Körpers; die in ihm angreifende Resultante hat den Betrag $m_1 g + m_2 g + m_3 g + \ldots = (m_1 + m_2 + m_3 + \cdots) g = mg$, wo m die ganze Masse des Körpers bezeichnet. Demnach wirkt die Schwerkraft der Erde auf jeden starren Körper so, als ob seine ganze Masse im Schwerpunkt vereinigt wäre.

Ein starrer Körper befindet sich nur dann im Gleichgewicht, wenn die Resultante aller Einzelkräfte durch den Unterstützungspunkt geht.

Ist der Körper an einer Achse drehbar unterstützt, so besteht Gleichgewicht, wenn sich der Schwerpunkt in der durch die Achse gelegten senkrechten Ebene befindet.

b) Koordinaten des Schwerpunkts. Bezeichnen ξ, η, ζ die Koordinaten des Schwerpunkts, m die Gesamtmasse, m_1, m_2, $m_3 \ldots$ die Einzelmassen, $x_1, x_2 \ldots y_1, y_2 \ldots z_1, z_2 \ldots$ ihre Koordinaten hinsichtlich eines rechtwinkligen Koordinatensystems, so ist:

$$\xi = \frac{m_1 x_1 + m_2 x_2 + m_3 x_3 + \cdots}{m}$$

$$\eta = \frac{m_1 y_1 + m_2 y_2 + m_3 y_3 + \cdots}{m}$$

$$\zeta = \frac{m_1 z_1 + m_2 z_2 + m_3 z_3 + \cdots}{m}$$

c) Bei kontinuierlicher Massenverteilung treten an die Stelle der Summen die Integrale:

$$\xi = \frac{\int x\, dm}{m}; \eta = \frac{\int y\, dm}{m}; \zeta = \frac{\int z\, dm}{m}.$$

d) Schwerpunktsatz. Der Schwerpunkt (Massenmittelpunkt) eines Systems von Massen (eines Körpers) bewegt sich so, als ob in ihm die Masse vereinigt wäre und in ihm die Resultierende der äußeren Kräfte angreifen würde. Wirken auf das Massensystem nur innere Kräfte, so bleibt der Schwerpunkt bei Verschiebungen der Massen stets erhalten.

e) Beispiele. 1. Der Schwerpunkt (S. P.) einer Dreiecksfläche ist der Schnittpunkt der drei Seitenhalbierenden.

2. Der S. P. eines Kreisbogens von der Länge b, dem Halbmesser r, der Sehne s und dem Winkel α liegt auf dem Mittellot der Sehne im Abstand $r \cdot s : b$ bzw. $360 r \sin \frac{\alpha}{2} : \alpha\pi$ vom Mittelpunkt.

3. Der S. P. der Fläche eines Kreisausschnitts vom Halbmesser r, der Sehne s und dem Bogen b liegt auf dem Mittellot der Sehne in der Entfernung $\frac{2}{3} r \cdot s : b$ vom Mittelpunkt.

4. Der S. P. der Fläche eines Kreisabschnitts von der Sehne s und dem Flächeninhalt F liegt auf dem Mittellot der Sehne im Abstand $s^3 : 12 F$ vom Mittelpunkt.

5. Der S. P. eines Tetraeders ist der Schnittpunkt der Verbindungslinien der Ecken mit den Schwerpunkten der Gegenflächen.

6. Der S. P. einer Pyramide bzw. eines Kegels liegt auf der Geraden, welche die Spitze mit dem Flächenschwerpunkt der Grundfläche verbindet, und zwar um drei Viertel dieser Strecke von der Spitze entfernt.

7. Der S. P. der krummen Fläche einer Kugelzone bzw. Kugelhaube ist die Mitte der Höhe.

8. Der S. P. eines Kugelausschnitts vom Kugelhalbmesser r und der Höhe h liegt auf dem zur Kleinkreisebene senkrechten Halbmesser in der Entfernung $\frac{3}{8}(2r - h)$ vom Mittelpunkt der Kugel.

9. Der S. P. eines Kugelabschnitts vom Kugelhalbmesser r und der Höhe h liegt auf dem zur Kleinkreisebene senkrechten

Halbmesser in der Entfernung $\frac{3}{4} \cdot \frac{(2r-h)^2}{3r-h}$ vom Mittelpunkt der Kugel.

18. D'Alembertsches Prinzip. Trägheitskräfte

I. D'Alembertsches Prinzip. Fügt man den auf einen Körper wirkenden äußeren Kräften die Trägheitskräfte (Scheinkräfte oder fiktive Kräfte) hinzu, so muß die Resultante der äußeren Kräfte den Trägheitskräften das Gleichgewicht halten.

Bemerkung: Dieses Prinzip gestattet es, dynamische Bewegungsprobleme in statische Gleichgewichtsprobleme zu verwandeln, deren Lösung dann im allgemeinen einfacher zu durchschauen ist.

a) $\boldsymbol{F}_1 = -m\boldsymbol{a}$ als Trägheitskraft. Man kann $\boldsymbol{F}_1 = -m\boldsymbol{a}$ als Trägheitskraft einführen, die der Kraft $\boldsymbol{F} = m\boldsymbol{a}$ das Gleichgewicht hält.

b) Zentripetalkraft. Bei den Kreisbewegungen erfährt jeder Massenpunkt m die nach dem Zentrum hin gerichtete Zentripetalkraft $\boldsymbol{Z} = -m\omega^2\boldsymbol{r}$. ($\boldsymbol{r}$ ist der Radiusvektor, der seinen Anfangspunkt im Zentrum hat). Dieser Kraft hält die Zentrifugalkraft $\boldsymbol{Z}_1 = m\omega^2\boldsymbol{r}$ das Gleichgewicht.

c) Corioliskraft. Bewegt sich ein Körper relativ zu einem rotierenden Bezugssystem, so erfährt er eine Corioliskraft $\boldsymbol{F}_{\text{Cor}}$.

Hat der Körper die Masse m und die Geschwindigkeit $\boldsymbol{v}$ relativ eines mit der Winkelgeschwindigkeit $\boldsymbol{\omega}$ um eine Achse drehenden Bezugssystems, so wirkt auf diese Masse die Corioliskraft:

$$\boldsymbol{F}_{\text{Cor}} = 2m\,\boldsymbol{v} \times \boldsymbol{\omega}.$$

Ist α der Winkel zwischen Drehachse und Bewegungsrichtung des Körpers, ω und v die Beträge der Winkel- und Bahngeschwindigkeit, so wird

$$F_{\text{Cor}} = 2mv\omega \sin\alpha.$$

19. Einfache Maschinen. Prinzip der virtuellen Verrückung

Vorbemerkung. Ein mechanisches Gleichgewichtsproblem heißt statisch bestimmt, wenn es gelingt, eine hinreichende Anzahl von

Gleichungen anzugeben, mit deren Hilfe die gesuchten Unbekannten des Problems gefunden werden können. Dazu dienen oft die Sätze:

I. Die notwendige und hinreichende Bedingung für das Gleichgewicht eines mechanischen Systems ist, daß für dieses sowohl die Summe der äußeren Kräfte als auch die Summe der äußeren Momente bezüglich irgend eines Punktes Null ist.

II. Prinzip der virtuellen Verrückung. Bei jeder nur möglichen Verrückung des Systems aus der Ruhelage muß im Falle des statischen Gleichgewichts stets die von den äußeren Kräften verrichtete Arbeit Null sein.

III. Legt man durch Seile, Stangen, Riemen u. a. an geeigneten Stellen Schnitte, und bringt man an diesen Schnittstellen zwei unbekannte, aber sich in ihrer Wirkung aufhebende Kräfte an, so ändert sich an dem statischen (dynamischen) Gleichgewichtssystem nichts. Die Zahl der Gleichungen vermehrt sich jeweils um die Zahl der gelegten Schnitte (Zerschneidungsmethode).

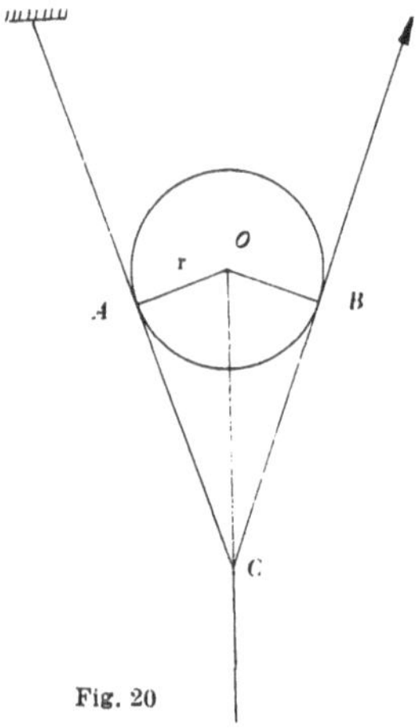

Fig. 20

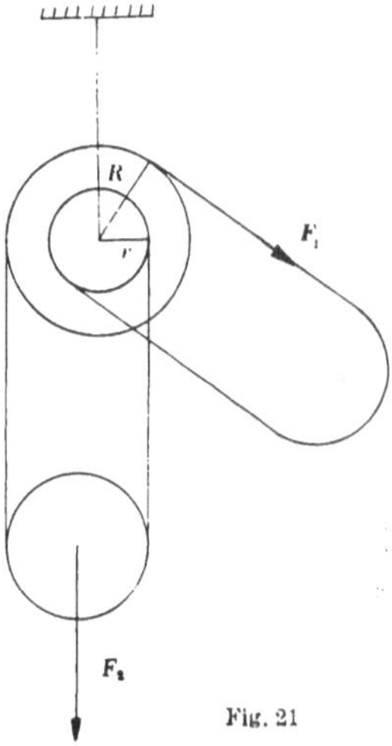

Fig. 21

IV. Rollen und Flaschenzug. α) An der festen und losen Rolle und am Flaschenzug herrscht Gleichgewicht, wenn das

Produkt aus Kraft und Kraftweg gleich dem Produkt aus Last und Lastweg ist.

β) Wenn beide Seilteile $\overline{AC}$ und $\overline{BC}$ (Fig. 20) mit der Lastrichtung $\overline{OC}$ den gleichen Winkel α bilden, ist die Kraft

$$F_1 = \frac{F_2}{2\cos\alpha}\,.$$

γ) Differentialflaschenzug (Fig. 21). Halbmesser der großen festen Rolle R, der kleinen festen Rolle r; Gleichgewicht, wenn

$$F_1 \cdot R = \tfrac{1}{2} F_2 (R - r) \text{ ist.}$$

V. Wellrad. Halbmesser der Welle r, des Rades R, am Umfang des Rades die Kraft F_1, an der Welle die Last F_2. Gleichgewichtsbedingung:

$$F_1 \cdot R = F_2 \cdot r.$$

VI. Schiefe Ebene (Fig. 22). Die Kraft vom Betrag $\overline{DE} = F_1$ wirkt in D auf die Last vom Gewicht $\overline{DG} = F_2$ unter dem Winkel β gegen die schiefe Ebene, die selbst den Winkel α mit der Waagerechten bildet. Gleichgewicht für:

$$F_1 = F_2 \cdot \frac{\sin\alpha}{\cos\beta}\,.$$

Kraft parallel der schiefen Ebene:

$$F_1 = F_2 \cdot \sin\alpha,$$

Kraft parallel der Basis der schiefen Ebene:

$$F_1 = F_2 \cdot \tan\alpha.$$

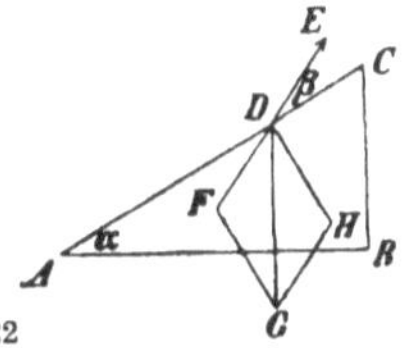

Fig. 22

VII. Keil (Fig. 23). Sein Querschnitt ABC ist ein gleichschenkliges Dreieck von der Basis, dem Rücken $\overline{AB} = r$ und dem Schenkel, der Seite $\overline{AC} = s$. Wirkt die Kraft vom Betrag F_1 senkrecht auf den Rücken und beiderseits die Pressung vom Betrag F_2 senkrecht gegen die Seiten, so besteht Gleichgewicht, wenn

$$F_1 = \frac{r}{s} F_2$$

ist. Bezeichnet man den Keilwinkel ACB mit α, so gilt:

$$F_1 = 2\,F_2 \sin \frac{\alpha}{2}\,.$$

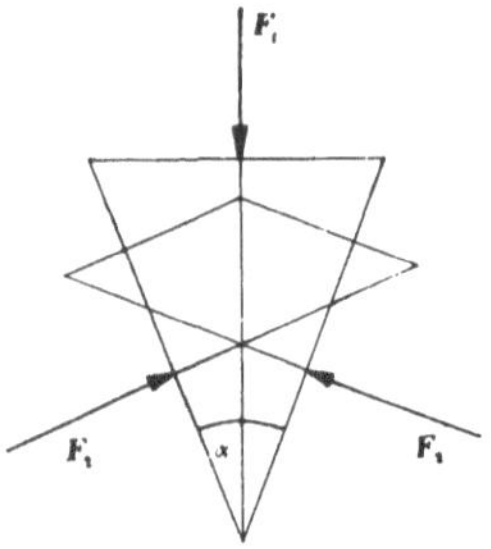

Fig. 23

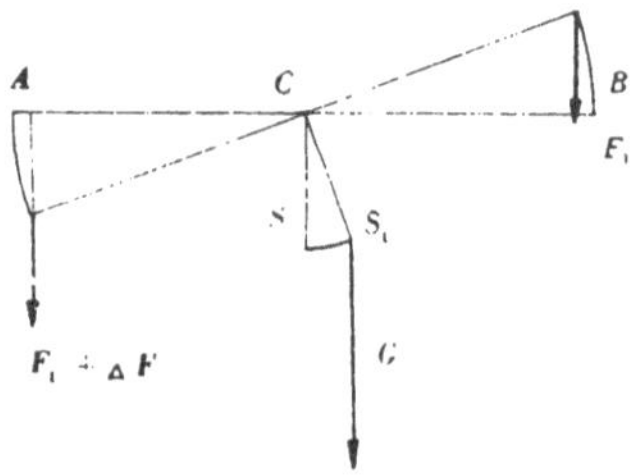

Fig. 24

VIII. Schraube. Die Last vom Betrag F_2 wird mit der Schraubenspindel durch die Kraft vom Betrag F_1 gehoben; letztere greift an einer Stange von der Länge R an. Bezeichnet h die Ganghöhe der Schraube, so ist:

$$F_1 = F_2 \cdot \frac{h}{2\pi R}\,.$$

IX. Transmissionen. Sind n_1, n_2 ... die Übersetzungsverhältnisse der einzelnen Transmissionen, so ist die Gesamtübersetzung:

$$n = n_1 \cdot n_2 \cdot n_3 \ldots$$

X. Die gleicharmige Waage. Eine gute Waage muß stabil, richtig und empfindlich sein. – An der je mit F_1 belasteten, um C drehbaren Waage $\overline{AB}$ (Fig. 24) bringe das Übergewicht ΔF den Ausschlag α hervor. Ferner sei S der Schwerpunkt des unbelasteten Balkens, e dessen Entfernung von der Drehachse, G das Gewicht und $2\,l$ die Länge des Balkens. Sodann ist die Empfindlichkeit der Waage gegeben durch

$$\tan \alpha = l \Delta F / Ge.$$

20. Das Trägheitsmoment

α) Unter dem Trägheitsmoment (T. M.) J einer punktförmigen Masse m, die die Entfernung r vom Drehzentrum besitzt, versteht man das Produkt mr^2.

β) Zwei Massenteile sind gleichwertig in bezug auf eine drehende Bewegung, wenn ihre T. M. gleich sind.

γ) Besteht der Körper aus den Massenteilen m_1, $m_2 \ldots$, die von der Drehachse die Entfernungen r_1, r_2, ... haben, so ist das T.M.:

$$\Sigma mr^2 = m_1 r_1^2 + m_2 r_2^2 + m_3 r_3^2 + \cdots$$

Dieser Ausdruck bleibt unverändert, wenn man eine Masse so verschiebt, daß ihre Entfernung von der Drehachse dieselbe bleibt.

δ) Bestimmt man zur ganzen Masse M eines Körpers eine Strecke ϱ so, daß

$$M\varrho^2 = \Sigma mr^2$$

ist, so nennt man ϱ den Trägheitshalbmesser des Körpers in bezug auf die Drehachse.

ε) *Satz von Steiner.* Bezeichnet man mit J_1 und J die T.M. eines Körpers von der Masse m in bezug auf zwei parallele Achsen g_1 und g, von denen g den Schwerpunkt des Körpers enthält, und ist e die Entfernung beider Achsen, so ist

$$J_1 = J + me^2.$$

Beispiele. 1. Trägheitsmoment (T.M.) einer Strecke von der Länge a und der Masse m in bezug auf eine Drehachse, die auf ihr senkrecht steht und durch einen Endpunkt geht, ist $\frac{1}{3} ma^2$.

Geht die Drehachse durch die Mitte der Strecke, so ist das T.M. gleich $\frac{1}{12} ma^2$.

2. Das T.M. eines rechtwinkligen Dreiecks ABC von der Masse m und den Katheten $\overline{AB} = c$ und $\overline{AC} = b$ in bezug auf eine durch C gehende und auf der Ebene ABC senkrecht stehende Drehachse ist $\frac{1}{6} m (3b^2 + c^2)$.

3. Das T.M. eines Rechtecks von der Masse m, den Seiten a und b in bezug auf eine durch eine Ecke gehende und auf der Ebene des Rechtecks senkrecht stehende Drehachse ist $m\,(a^2 + b^2)$.

4. Das T.M. eines regelmäßigen Vielecks von der Masse m, dem großen Halbmesser r, dem kleinen Halbmesser ϱ in bezug auf eine Drehachse, die durch den Mittelpunkt geht und auf der Vielecksebene senkrecht steht, ist $\frac{1}{6}\,m\,(r^2 + 2\,\varrho^2)$.

5. Das T.M. eines Kreises von der Masse m und dem Halbmesser r in bezug auf eine durch den Mittelpunkt gehende und senkrecht zur Kreisebene stehende Drehachse ist $\frac{1}{2}\,mr^2$ (ebenso für einen Kreiszylinder).

6. Das T.M. eines Quaders von der Masse m und den Kanten a, b, c, der sich um die Kante c dreht, ist $\frac{1}{3}\,m\,(a^2 + b^2)$. Geht die Drehachse durch den Schwerpunkt parallel zur Kante c, so ist das T.M. $\frac{1}{12}\,m\,(a^2 + b^2)$.

7. Das T.M. einer dünnen Kreisscheibe von der Masse m und dem Halbmesser r in bezug auf einen Durchmesser als Drehachse ist $\frac{1}{4}\,mr^2$.

8. Das T.M. eines geraden Kreiszylinders von der Masse m, dem Halbmesser r und der Höhe h in bezug auf eine Drehachse, die durch den Schwerpunkt geht und auf der Zylinderachse senkrecht steht, ist $\frac{1}{12}\,m\,(3\,r^2 + h^2)$.

9. Das T.M. eines geraden hohlen Kreiszylinders von der Masse m, den Halbmessern r und ϱ, der sich um seine geometrische Achse dreht, ist $\frac{1}{2}\,m\,(r^2 + \varrho^2)$.

10. Das T.M. einer Kugel von der Masse m, dem Halbmesser r in bezug auf einen Durchmesser ist $\frac{2}{5}\,mr^2$.

11. Bei kontinuierlicher Massenverteilung berechnet man das Trägheitsmoment mit Hilfe des Integrals:

$$J = \int r^2\,\mathrm{d}m,$$

wobei r die Entfernung des Massenelements $\mathrm{d}m$ von der Drehachse festlegt.

21. Gesetze der drehenden Bewegung. Kreisel

I. Jede Bewegung eines starren Körpers, die durch mehrere nicht durch den Massenmittelpunkt gehenden äußeren Kräfte verursacht wird, kann immer in eine rein gleichmäßig beschleunigte Rotationsbewegung um den Massenmittelpunkt und in eine gleichmäßig beschleunigte Translationsbewegung der im Massenmittelpunkt vereinigt gedachten Masse zerlegt werden.

II. Alle frei beweglichen starren Körper befinden sich entweder im Zustand der Ruhe oder in gleichförmiger Bewegung, wenn die Summe der Kräfte und die Summe der Drehmomente Null ist.

III. Rotation um eine durch den Massenmittelpunkt gehende Achse. Bedeutet t die Zeit, ω die Winkelgeschwindigkeit, φ den Drehwinkel, α die Winkelbeschleunigung, M das Drehmoment eines der Drehkraft gleichwertigen Kräftepaares bezüglich der durch den Massenmittelpunkt gehenden Achse, J das Trägheitsmoment (Drehmasse) bezüglich dieser Achse, E_r die Rotationsenergie, W die bei der Rotation verrichtete Arbeit, so gelten die folgenden Größengleichungen:

$$\omega = \frac{\mathrm{d}\varphi}{\mathrm{d}t} = \dot{\varphi}; \alpha = \frac{\mathrm{d}\omega}{\mathrm{d}t} = \frac{\mathrm{d}^2\varphi}{\mathrm{d}t^2} = \ddot{\varphi},$$

d. h. die Winkelgeschwindigkeit ist die erste, die Winkelbeschleunigung die zweite Ableitung des Winkels nach der Zeit. Für die gleichförmige Rotation gilt dann:

$$\varphi = \omega t; \omega = \varphi/t; t = \varphi/\omega;$$

für die gleichmäßig beschleunigte bzw. verzögerte Bewegung gilt ferner:

$$\varphi = \tfrac{1}{2}\alpha t^2 + \omega_0 t + \varphi_0; \omega = \alpha t + \omega_0,$$

wenn φ_0 der Drehwinkel und ω_0 die Winkelgeschwindigkeit zur Zeit $t = 0$ sind.

Das Drehmoment, das die Rotation bewirkt, und die Winkelbeschleunigung sind durch die Gleichung:

$$M = \alpha J$$

verknüpft, die der Grundgleichung der Mechanik $F = ma$ analog gebaut ist. Entsprechend wird die

Rotationsenergie: $E_r = \frac{1}{2} J \omega^2$
Dreharbeit: $W_r = M \varphi$
Zunahme der Energie: $\Delta E_r = \frac{1}{2} J \omega^2 - \frac{1}{2} J \omega_0^2$
Drehimpuls oder Drall: $L = \omega J$.

Bemerkung 1: Für eine Einzelmasse m gilt noch

$$\boldsymbol{L} = m \boldsymbol{r} \times \boldsymbol{v};$$
$$L = m r^2 \omega,$$

wenn r die Entfernung von m zur Drehachse angibt und v die Bahngeschwindigkeit bedeutet.

Bemerkung 2: φ, ω und α bzw. φ_0, ω_0, α_0 sind Vektoren, dergleichen L und M.

Bemerkung 3: Das Drehmoment ist der zeitlichen Änderung des Dralls gleich. Ist dieses Null, so ist $\omega J = \text{const.}$ (Satz von der Erhaltung des Drehimpulses).

IV. Kreiselsätze: α) Der kräftefreie Kreisel bewegt sich so, daß sein Drall nach Richtung und Größe im Raum konstant bleibt.

β) Unter dem Einfluß äußerer Kräfte bewegt sich der Kreisel derart, daß die Änderungsgeschwindigkeit des Drallvektors nach Richtung und Größe gleich ist dem Moment der äußeren Kräfte in bezug auf den Stützpunkt des Kreisels.

γ) Die „Kreiselwirkung“ besteht darin, daß sich die Achse des Kreisels mit der Achse der hinzukommenden Drehung in gleichsinnigen Parallelismus zu setzen strebt, derart, daß der Drehsinn der Eigenrotation mit demjenigen der hinzukommenden Drehung übereinstimmen würde.

22. Federpendel und physisches Pendel. Schwingungsgleichung

I. Federpendel. Eine vollkommen elastische Feder mit der Richtgröße D_s (vgl. Nr. 12), an der die Pendelmasse m angehängt ist, wird zu ungedämpften reibungslosen Schwingungen angeregt. Ist s die Auslenkung aus der schon etwas vorgespannten Ruhelage nach der Zeit t, s_0 die Amplitude der

Schwingung und wird noch $n^2 = D_s/m$ gesetzt, so gilt nach der Grundgleichung der Dynamik $F = ma$:

$$m \frac{d^2 s}{d t^2} = - D_s \cdot s$$

$$\frac{d^2 s}{d t^2} = - \frac{D_s}{m} \cdot s = - n^2 s$$

$$s = s_0 \sin \sqrt{\frac{D_s}{m}}\, t$$

ist eine Lösung dieser homogenen und linearen Differentialgleichung zweiter Ordnung (Schwingungsgleichung).

Zur Zeit $t = 0$ wird $s = 0$, also die Auslenkung 0.

Zur Zeit $t = \frac{\pi}{2n}$ wird $s = s_0$, also die Auslenkung maximal.

Zur Zeit $t = \frac{3\pi}{2n}$ wird $s = - s_0$, also die Auslenkung minimal.

Zur Zeit $t = \frac{2\pi}{n}$ wird $s = 0$, also Ausgangszustand erreicht.

Die Schwingungsdauer T des Federpendels wird also

$$T = 2\pi \sqrt{\frac{m}{D_s}}\,.$$

Bemerkung: Dieser Pendelbewegung entspricht vollkommen die harmonische Kreisbewegung (vgl. Nr. 14). Die Schwingungsdauer ist nur von der Pendelmasse m und der Richtgröße D_s abhängig. Sie hängt dagegen nicht von der Amplitude s_0 der Schwingung ab.

II. Das physische Pendel. Ein beliebig gestalteter Körper, der über seinem Schwerpunkt drehbar befestigt ist, kann als physisches Pendel gelten.

α) Die reduzierte Pendellänge ist die Länge desjenigen mathematischen Pendels, das mit dem betrachteten physischen Pendel in der Schwingungszeit übereinstimmt.

β) Bezeichnet J das gesamte Trägheitsmoment des Pendels, m seine Masse, k die Entfernung des Schwerpunkts vom Drehpunkt, so ist die reduzierte Pendellänge

$$l = J/km,$$

die Schwingungszeit für eine volle Schwingung:

$$T = 2\pi \sqrt{\frac{J}{g \cdot k \cdot m}}.$$

γ) Ein Punkt, der von der Achse die Entfernung l hat, heißt der Schwingungsmittelpunkt des Pendels. Er schwingt so, wie er auch schwingen würde, wenn er ganz allein vorhanden wäre (l reduzierte Pendellänge).

δ) Legt man durch den Schwerpunkt die Achse parallel zur Achse durch den Drehpunkt und ist in bezug auf diese das Trägheitsmoment J_0, so hat man:

$$l = k + \frac{J_0}{km}.$$

Die Größen J_0 und m sind für einen gegebenen Körper unveränderlich; setzt man daher $J_0 = c \cdot m$, so ist:

$$l = k + \frac{c}{k}.$$

Der Schwingungsmittelpunkt liegt um c/k tiefer als der Schwerpunkt.

ε) Solange k den gleichen Wert hat, sind auch l und T unveränderlich.

ζ) Legt man durch den Schwingungsmittelpunkt eine Achse parallel der ursprünglichen, so ändern sich die Werte von $k + \frac{c}{k}$, l und T auch nicht (Reversionspendel).

η) Der geometrische Ort aller parallelen Achsen von gleicher Schwingungsdauer des Pendels besteht aus zwei koaxialen Zylinderflächen, deren Mantellinien vom Schwerpunkt die Abstände k und c/k haben.

23. Analogien der Translations- und Rotationsbewegung

Werden in den Formeln der Translationsbewegung die Größen Weg, Masse, Kraft u. a. durch die entsprechenden Größen der Rotationsbewegung, also Drehwinkel, Trägheitsmoment u. a. ersetzt, so ergeben sich aus den Formeln der Translationsbewegung die Formeln der Rotationsbewegung und umgekehrt aus den Formeln der Rotationsbewegung die Formeln der Translationsbewegung.

Translation		Rotation	
Weg	s	Drehwinkel	φ
Masse	m	Trägheitsmoment	J
Kraft	F	Drehmoment	M
Geschwindigkeit	$v = \dot{s}$	W. Geschwindigkeit	$\omega = \dot{\varphi}$
Beschleunigung	$a = \dot{v} = \ddot{s}$	W. Beschleunigung	$\alpha = \dot{\omega} = \ddot{\varphi}$
geradl. gleichf. Bew.	$s = vt$	gleichf. Drehbew.	$\varphi = \omega t$
geradl. gleichm. beschl. Bew.	$s = \frac{a}{2} + v_0 t + s_0$	gleichm. beschl. Drehbew.	$\varphi = \frac{\alpha}{2} t^2 + \omega_0 t + \varphi_0$
Grundgl. d. Bew.	$F = ma$	Grundgl. d. Drehbew.	$M = J\alpha$
Impuls	$p = mv$	Drehimpuls	$L = J\omega$
Kraftstoß	$F \Delta t$	Drehmomentenstoß	$M \Delta t$
Richtgröße	$D_s = \frac{F}{s}$	W. Richtgröße	$D_\varphi = \frac{M}{\varphi}$
Federpendel	$T = 2\pi \sqrt{\frac{m}{D_s}}$	phys. Pendel	$T = 2\pi \sqrt{\frac{J}{D_\varphi}}$
Transl. E.	$E_t = \frac{m}{2} v^2$	Rot. E.	$E_r = \frac{J}{2} \omega^2$
Impulserhaltungss. (wenn $F = 0$)	$mv = \text{const}$	Drallerhaltungss. (wenn $M = 0$)	$J\omega = \text{const}$

24. Energieerhaltungssatz der Mechanik

I. Bei rein mechanischen Bewegungsvorgängen am starren Körper ist die Leistung P der technischen Kräfte gleich der zeitlichen Änderung der Summe aus Bewegungs- und Lageenergie E_k und E_p. Die Bewegungsenergie besteht aus der fortschreitenden Energie E_t und der Drehungsenergie E_r des Körpers um den Schwerpunkt. Die fortschreitende Energie berechnet sich so, wie wenn die ganze Masse im Massenmittelpunkt vereinigt wäre und der Schwerpunkt nur eine Translationsbewegung ausführen würde. Es ist:

$$P = \frac{\mathrm{d}}{\mathrm{d}t}(E_k + E_p) = \frac{\mathrm{d}}{\mathrm{d}t}(E_t + E_r + E_p).$$

II. Ist die Leistung der technischen Kräfte Null, so geht der verallgemeinerte Energiesatz der Mechanik in den Energieerhaltungssatz der Mechanik für abgeschlossene Systeme über. Für diesen sind die folgenden äquivalenten Formulierungen oft nützlich.

a) In einem abgeschlossenen System ist die Summe aus Translations-, Rotations- und Lageenergie für jeden Augenblick der Bewegung konstant.

$$E_t + E_r + E_p = \text{konstant}.$$

b) In einem abgeschlossenen System ist die Zunahme der kinetischen Energie gleich der Abnahme der potentiellen Energie.

$$\Delta E_k = -\Delta E_p.$$

c) Für zwei Zeitpunkte t_1 und t_2 der Bewegung ist die Summe der Energie im Zeitpunkt t_1 gleich der Summe der Energie im Zeitpunkt t_2.

$$(E_t + E_r + E_p)_1 = (E_t + E_r + E_p)_2.$$

25. Reibung

Je nachdem sich ein Körper auf der Oberfläche oder im Innern eines anderen Körpers bewegt, wird das zu überwindende Hindernis der Bewegung Reibung oder Widerstand des Mittels genannt. Man behandelt diese Hindernisse wie Kräfte, weil sie die bewegenden Wirkungen von solchen aufzuheben vermögen. Ihre Dimension ist $\mathsf{LMT^{-2}}$.

I. Gleitende Reibung. Aus Versuchen ergibt sich:

a) Die gleitende Reibung ist proportional der Kraft F, mit der die übereinandergleitenden Flächen normal aufeinander gedrückt werden; ist μ die Reibungszahl, so hat die Reibung den Betrag $R = \mu F$.

b) Die Reibung ist bei gleicher Kraft unabhängig von der Größe der Berührungsfläche.

c) Die Reibung hängt ab von der materiellen Beschaffenheit der reibenden Körper.

d) Die Reibung ist beim Übergang aus der Ruhe in die Bewegung erheblich größer als während derselben.

e) Innerhalb gewisser Grenzen ist die Reibung von der Geschwindigkeit der Bewegung unabhängig.

Fig. 25. Liegt der Körper $G = mg$ in E auf der schiefen Ebene ABC vom Neigungswinkel α, so ist seine Druckkraft auf die Ebene gleich $G \cdot \cos\alpha$, mithin die Reibung $\mu \cdot G \cdot \cos\alpha$. Die Kraft, welche den Körper die schiefe Ebene ohne Rücksichtnahme auf die Reibung abwärts bewegt, ist $G \cdot \sin\alpha$, mit Berücksichtigung derselben:

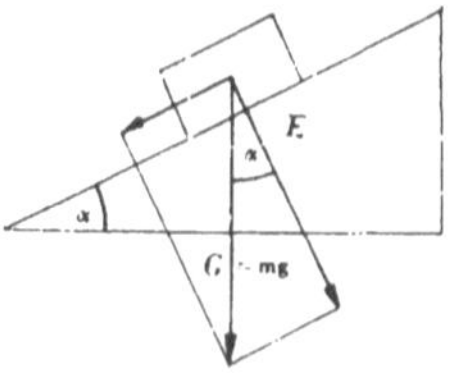

Fig. 25

$$F = G \sin\alpha - \mu G \cos\alpha.$$

Setzt man $\mu = \tan\varepsilon$ mit ε als Reibungswinkel, so ist:

$$F = G \sin\alpha - G \cos\alpha \tan\varepsilon = G \frac{\sin(\alpha - \varepsilon)}{\cos\varepsilon}.$$

II. Rollende Reibung. Sie ist proportional dem Gewicht G und umgekehrt proportional dem Halbmesser r des rollenden Zylinders. Für den Betrag der Rollreibung gilt:

$$R = a \cdot \frac{G}{r}.$$

a ist der Hebelarm der Rollreibung R. Er ist vom Stoff der Unterlage und vom Zylinder abhängig und wird in der Technik meist in cm angegeben.

III. Pronyscher Zaum. Bezeichnet f die Tourenzahl in der Sekunde, l die Länge der Zaumstange in Meter, an deren Ende die Kraft F in kp angreift, und P die Leistung der Maschine in kpm/s, so gilt:

$$P = 2\pi f F l.$$

26. Der Stoß

Die beiden Körper wirken während des Stoßes gleich lange und in jedem Augenblick mit gleichen Kräften aufeinander ein, mithin sind die Änderungen der Bewegungsgrößen gleich und entgegengesetzt; daher gilt der Satz: Die Bewegungsgröße des ganzen Systems erfährt durch den Stoß keine Änderung.

I. Gerader, zentraler Stoß unelastischer Körper. Wenn zwei unelastische Massen m_1 und m_2 mit den Geschwindigkeiten c_1 und c_2 in geradem, zentralem Stoß zusammentreffen, so erhalten beide Körper die gleiche Geschwindigkeit v und setzen dann die Bewegung als eine einzige Masse fort.

Diese Geschwindigkeit ist:

$$v = \frac{m_1 c_1 + m_2 c_2}{m_1 + m_2}$$
$$= c_1 - \frac{m_2 (c_1 - c_2)}{m_1 + m_2}$$
$$= c_2 + \frac{m_1 (c_1 - c_2)}{m_1 + m_2}$$

Der beim Stoß auftretende Energieverlust beträgt:

$$\Delta E = m_1 m_2 (c_1 - c_2)^2 : 2\,(m_1 + m_2).$$

Bewegen sich die Körper vor dem Stoße in entgegengesetzter Richtung, so muß man c_1 oder c_2 negativ setzen; v erhält das Zeichen der überwiegenden Bewegungsgröße.

II. Gerader, zentraler Stoß vollkommen elastischer Körper. Wenn zwei vollkommen elastische Körper m_1 und m_2 mit den Geschwindigkeiten c_1 und c_2 in geradem, zentralem Stoß aufeinandertreffen, so tritt, wie bei unelastischen Körpern, eine gegenseitige Zusammenpressung ein, die so lange andauert, bis die Geschwindigkeit im Augenblick der größten Annäherung die gleiche, etwa v, geworden ist. Wird dabei die Elastizitätsgrenze nicht überschritten, so suchen nun die Körper ihre frühere Form wieder anzunehmen, wodurch sie gleichsam einen zweiten Stoß erfahren. Da bei beiden Vorgängen die gleichen Kräfte tätig sind, so wird auch für jeden Körper die Geschwindigkeitsveränderung in der zweiten Phase die gleiche sein wie in der ersten. Beim Stoß vollkommen elastischer Massen ist daher die Änderung der Geschwindigkeit doppelt so groß wie beim Stoß unelastischer Massen. — Bei der Aufstellung der Formeln machen wir die Annahme, daß sich die Massen in der gleichen Richtung bewegen und daß $c_1 > c_2$ sei. In der ersten Phase beträgt für den ersten Körper die Abnahme der Geschwindigkeit $(c_1 - v)$, für den zweiten die Zunahme der Geschwindigkeit $(v - c_2)$. Während des zweiten Vorganges verliert der eine Körper abermals $(c_1 - v)$ an Geschwindigkeit, während der andere $(v - c_2)$ daran gewinnt. Bezeichnen wir nun mit v_1 und v_2 die Endgeschwindigkeiten der Massen m_1 und m_2, so gelten die Beziehungen:

$$v_1 = c_1 - 2\,(c_1 - v)$$
$$v_2 = c_2 + 2\,(v - c_2).$$

Setzt man hier den oben gefundenen Wert für v ein, so ist:

$$v_1 = c_1 - 2 \cdot \frac{m_2\,(c_1 - c_2)}{m_1 + m_2}\,.$$
$$v_2 = c_2 + 2 \cdot \frac{m_1\,(c_1 - c_2)}{m_1 + m_2}$$

Die Geschwindigkeiten c_1 und c_2 erhalten verschiedene Zeichen, wenn sich die Massen gegeneinander bewegen.

Zusatz. a) Ist $m_1 = m_2$, so ergeben sich die Folgerungen

$$v_1 = c_2, \qquad v_2 = c_1;$$

d. h. die Körper tauschen ihre Geschwindigkeiten aus.

b) Ist $m_1 = m_2$ und gleichzeitig $c_2 = 0$, so wird

$$v_1 = 0, \qquad v_2 = c_1;$$

d. h. der stoßende Körper bleibt in Ruhe und der gestoßene bewegt sich mit der Geschwindigkeit des stoßenden weiter.

c) Ferner sei m_2 im Vergleich zu m_1 sehr groß und $c_2 = 0$, so folgt

$$v_2 = 0, \quad v_1 = -c,$$

d. h. wird ein elastischer Körper senkrecht gegen eine feste elastische Wand gestoßen, so prallt er senkrecht mit der gleichen Geschwindigkeit zurück.

Beim geraden, zentralen Stoß zweier vollkommen elastischer Körper bleibt die Energie der Bewegung erhalten.

27. Elastizität

I. Dehnung. Hat ein Stab die Länge l vor der Beanspruchung, den Querschnitt A und erleidet er eine Verlängerung bzw. Verkürzung Δl durch eine Kraft F in Längsrichtung des Stabes, so ist, sofern E eine von der stofflichen Beschaffenheit des Stabes abhängige Konstante bedeutet:

$$\Delta l = \frac{lF}{EA}.$$

Wird in dieser Gleichung noch die Dehnungszahl $\varepsilon = \Delta l/l$ und die Spannung $\sigma = F/A$ eingeführt, so wird:

$$\varepsilon = \frac{1}{E} \cdot \sigma; \sigma = E\varepsilon$$

(Hookesches Gesetz). Die Dehnung ist der wirkenden Spannung direkt proportional. Setzt man in der ersten Gleichung $\Delta l = l$, $A = 1\ \mathrm{m}^2$, so findet man $E = F/1\ \mathrm{m}^2$. Die Größe E gibt also diejenige Kraft an, die notwendig ist, einen Stab von $1\ \mathrm{m}^2$ Querschnitt um das Doppelte seiner ursprünglichen Länge zu strecken, vorausgesetzt, daß er eine solche Dehnung innerhalb der Proportionalitätsgrenze ertragen könnte. Die Größe E führt den Namen Dehnungsmodul (Elastizitätsmodul). $1/E$ heißt Dehnungsgröße. dim $E = \mathsf{ML^{-1}T^{-2}}$ im MKS-System.

In der Technik führt E den Namen Elastizitätsmodul, und dieser wird dort in $\mathrm{kp/mm^2}$ angegeben.

II. Querkontraktion. Gleichzeitig mit der Verlängerung eines Stabes tritt senkrecht dazu eine Verkürzung Δd auf. Charakteristisch für die Größe der Querkontraktion ist die Poissonsche Zahl μ:

$$\mu = \frac{\Delta d}{d} : \frac{l}{\Delta l} = \frac{\Delta d}{d}\, \varepsilon.$$

μ ist nur vom Material abhängig und ist kleiner als 0,5.

III. Kompressionsmodul. Unterliegt der Stab von allen Seiten einer Druckspannung $\Delta p = -\sigma$, so ändert sich sein ursprüngliches Volumen V um den Betrag ΔV, wobei ΔV aus:

$$\Delta V = -\frac{3}{E}(1 - 2\mu)\, \Delta p V$$

zu berechnen ist.

Bemerkung 1: Das negative Vorzeichen weist darauf hin, daß bei zunehmendem Druck Δp das Volumen abnimmt. Die Größe:

$$\varkappa = -\frac{1}{V} \cdot \frac{\Delta V}{\Delta p}$$

heißt allgemein Kompressibilität und ihr reziproker Wert $K = 1/\varkappa$ heißt Kompressionsmodul.

Bemerkung 2: Im Dehnungs-Spannungsdiagramm sind drei ausgezeichnete Grenzpunkte für das elastische Verhalten der Körper erkennbar:

α) Die Proportionalitätsgrenze P: Bei weiterer Belastung gehorcht der belastete Körper nicht mehr dem Hookeschen Gesetz.

β) Die Fließgrenze F: Bei noch weiterer Belastung beginnt der Körper zu fließen.

γ) Die Bruchgrenze B: Beim Überschreiten dieser Grenze bricht oder zerreißt der Körper.

III. Elastizität der Biegung. Ein Stab mit rechteckigem Querschnitt von der Breite b, der Höhe h und der Länge l kann an beiden Enden um seine Auflager kanten und wird in der Mitte mit dem Gewicht F belastet. Er senkt sich in der Mitte um den „Biegungspfeil" f:

$$f = \frac{1}{4\,E}\, \frac{F l^3}{b h^3}\,.$$

Wird der Stab an dem einen Ende waagerecht eingeklemmt und am anderen Ende belastet, so ist

$$f = \frac{4}{E} \frac{Fl^3}{bh^3},$$

wobei E jeweils den Elastizitätsmodul bedeutet.

c) *Elastizität der Drehung* (*Torsion*). Bezeichnet M das Drehmoment, l die Länge und r den Querschnittshalbmesser des gedrillten Drahtes, α den Torsionswinkel und G eine vom Material abhängige Konstante, den sog. Torsionsmodul, so ist

$$M = \frac{\pi}{2} G \frac{r^4}{l} \cdot \alpha;$$

M ist von der Spannung des Drahtes unabhängig.

28. Die allgemeine Gravitation. Gravitationspotential

I. Die Keplerschen Gesetze. a) Alle Planeten bewegen sich auf Ellipsen, in deren einem Brennpunkt die Sonne steht.

b) Der Leitstrahl eines Planeten überstreicht in gleichen Zeiten gleiche Flächen.

c) Die Quadrate der Umlaufszeiten zweier Planeten verhalten sich wie die dritten Potenzen ihrer großen Halbachsen.

II. Das Newtonsche Gravitationsgesetz. Zwei Massenteilchen m_1 und m_2 im Weltall ziehen einander mit einer Kraft F an, deren Richtung in die Verbindungslinie beider Massen fällt und deren Betrag direkt proportional dem Produkt der Massen und indirekt proportional dem Quadrat ihrer Entfernung r ist:

$$F = G \cdot \frac{m_1 \cdot m_2}{r^2}$$

Bemerkung. Die Gravitationskonstante G ist gleich

$$6{,}67 \cdot 10^{-11}\ \mathrm{m^3\ kg^{-1}\ s^{-2}}$$

III. Das Gravitationspotential. Befinden sich zwei punktförmige Massen m_1 und m_2 in der Entfernung r_1, so beträgt die positive, also aufgewandte Arbeit W bei der Verrückung von

m_2 gegen die Newtonsche Anziehungskraft der beiden Massenpunkte um die Strecke $r_2 - r_1$:

$$W = G\, m_1 \cdot m_2 \left(\frac{1}{r_1} - \frac{1}{r_2}\right).$$

Durch die Arbeitsverrichtung an der Masse m_2 erhöht sich ihre potentielle Energie um diesen Arbeitsbetrag, so daß gilt:

$$\Delta E_{\mathrm{p}} = G\, m_1\, m_2 \left(\frac{1}{r_1} - \frac{1}{r_2}\right).$$

Wird r_2 unendlich groß, so vereinfachen sich beide Gleichungen, da der zweite Bruch in der Klammer verschwindet, und es wird:

$$\Delta E_{\mathrm{p}} = G\,\frac{m_1\, m_2}{r_1}\ ;\ W = G\,\frac{m_1\, m_2}{r_1}\,.$$

Der Quotient $\Phi = W/m_2 = G m_1/m_2$ heißt Gravitationspotential der Masse m_1 in der Entfernung r_1 von m_1. Einheit im MKS-System:

$$1\ \mathrm{J/kg} = 1\ \mathrm{Nm/kg} = 1\ \mathrm{m^2/s^2};\ \dim \Phi = \mathsf{L^2T^{-2}}.$$

Bemerkung 1: Φ ist definitionsgemäß ein positiver Skalar und kein Vektor. Die Flächen gleichen Potentials heißen Äquipotentialflächen. Diese sind für eine punktförmige Masse m_i konzentrische Kugelflächen mit ihr als Mittelpunkt. Mehrere punktförmige Massen m_i, die sich gegenseitig anziehen, erzeugen das Gravitationspotential Φ in einem Punkt P:

$$\Phi = \sum_{i=1}^{n} G\,\frac{m_i}{r_i} = \sum_{i=1}^{n} \Phi_i,$$

wobei r_i die Entfernungen der Massen m_i vom Punkt P sind. Das Gesamtpotential aller Massenpunkte ist die Summe der Potentiale der einzelnen Massenpunkte.

Bemerkung 2: Bei kontinuierlicher Massenverteilung wird aus der endlichen Summe das Integral:

$$\int G \cdot \frac{\mathrm{d}m}{r},$$

wobei über das Gesamtvolumen des von der Masse erfüllten Raumes zu integrieren ist und r die Entfernung des Massenelementes dm vom Punkt P festlegt.

Bemerkung 3: Bei einer Verschiebung eines Massenpunktes in einer Äquipotentialfläche wird keine Arbeit verrichtet oder frei.

Bemerkung 4: Bei einer Verschiebung eines Massenpunktes längs einer Feldlinie (das ist eine Linie stärksten Gefälles und diese steht immer senkrecht zu den entsprechenden Äquipotentialflächen) ist die Arbeit am größten.

Sätze zur Potentialtheorie.

1. *Satz.* Eine gleichmäßig mit Masse belegte Kugelfläche übt auf einen materiellen Punkt, der innerhalb der Kugel liegt, keine Wirkung aus.

2. *Satz.* Eine gleichmäßig mit Masse belegte Kugelfläche wirkt auf einen außerhalb der Kugel gelegenen Massenpunkt so, als ob ihre ganze Masse im Mittelpunkt vereinigt wäre.

Zusatz. Eine homogene Kugel oder eine aus homogenen konzentrischen Schichten zusammengesetzte Vollkugel wirkt nach außen so, als sei ihre Gesamtmasse im Mittelpunkt konzentriert.

II. Kapitel. Statik der Flüssigkeiten und Gase

29. Druck in einer ruhenden Flüssigkeit

Der Quotient einer auf eine Fläche A entgegen der Richtung der Flächennormalen angreifenden Kraft F und dieser Fläche A heißt Druck p.

$$p = F/A.$$

Einheit im MKS-System: 1 N/m² = 1 kg/m s²

Einheit im CGS-System: 1 dyn/cm² = 1 g/cm s²

Einheit im Techn.-System: 1 kp/cm² = 1 at.

dim $p = \mathsf{ML^{-1}T^{-2}}$ im MKS- und CGS-System (vgl. Nr. 33).

a) Ist V_1 der Rauminhalt einer Flüssigkeit bei dem Druck p_1, V_2 der unter dem Druck p_2 bei der gleichen Temperatur, ist ferner $p_2 > p_1$, so entspricht der Druckvermehrung $(p_2 - p_1)$ eine Verringerung des Raumes um $(V_1 - V_2)$. Die Raumeinheit wird daher um $(V_1 - V_2)/V_1$ verringert. Unter dem Koeffizienten der Zusammendrückbarkeit versteht man das negative Verhältnis aus der Volumenabnahme zum Produkt aus Rauminhalt und Druckzunahme.

Flüssigkeiten besitzen keine Formelastizität, dagegen vollkommene Volumelastizität.

b) Eine Fläche, die n-mal so groß ist wie die Ausgangsfläche, erfährt bei gleichbleibendem Druck die n-fache Druckkraft. Flüssigkeiten pflanzen einen auf sie ausgeübten Druck nach allen Richtungen gleichmäßig fort.

c) *Hydraulische Presse.* Wir bezeichnen den Halbmesser des großen Kolbens mit R, den des kleinen mit r, mit F_1 die Kraft auf den großen, mit F_2 die Kraft auf den kleinen Kolben; ferner sei l der Hebelarm, an dem der kleine Kolben befestigt ist, L der Hebelarm, an welchem der Arbeiter mit der Kraft F wirkt; so gelten die folgenden Beziehungen:

$$F_2 \cdot l = F \cdot L$$

$$F_1 : F_2 = R^2 : r^2$$

$$F_1 = F_2 \cdot \frac{R^2}{r^2} = F \cdot \frac{L}{l} \cdot \frac{R^2}{r^2}$$

d) *Boden- und Seitendruck.* 1. In irgendeiner waagerechten Schicht ist der Druck überall der gleiche.

2. Irgendeine waagerechte Schicht erfährt von beiden Seiten, d. h. von oben und unten, die gleiche Kraft.

3. Die Kraft F auf eine waagerechte Schicht oder auf den Boden des Gefäßes ist gleich dem Gewicht einer Flüssigkeitssäule, welche die gedrückte Fläche A zur Grundfläche und ihren Abstand h vom Flüssigkeitsspiegel zur Höhe hat. Ist γ das spezifische Gewicht der Flüssigkeit, so gilt mithin die Gleichung

$$F = A \cdot h \cdot \gamma;$$

entsprechend für eine kleine Seitenfläche A, deren Schwerpunkt den Abstand h vom Flüssigkeitsspiegel hat.

30. Archimedisches Prinzip

a) Jeder ganz oder teilweise in eine Flüssigkeit (Gasmenge) eingetauchte Körper verliert scheinbar so viel von seinem Gewicht, wie die von ihm verdrängte Flüssigkeit (Gasmenge) wiegt. Bezeichnet G_1 den Auftrieb, γ_1 das spezifische Gewicht der Flüssigkeit und V_1 das von dem Körper verdrängte Flüssigkeitsvolumen, so ist:

$$G_1 = \gamma_1 V_1.$$

b) Bezeichnet G das Gewicht des Körpers, G_1 den scheinbaren Gewichtsverlust, so sind die drei Fälle denkbar:

α) $G > G_1$, der Körper sinkt unter;

β) $G = G_1$, der Körper schwebt oder schwimmt in der Flüssigkeit;

γ) $G < G_1$, der Körper steigt nach oben.

c) Infolge des Auftriebs ist beim schwimmenden Körper das Gewicht der von ihm verdrängten Flüssigkeitsmenge gleich seinem eigenen Gewicht. Bedeutet V den Rauminhalt des Körpers, γ sein spezifisches Gewicht, V_1 den Rauminhalt der verdrängten Flüssigkeitsmenge und γ_1 deren spezifisches Gewicht, so gilt die Gleichung:

$$V \cdot \gamma = V_1 \cdot \gamma_1$$

d) Der Auftrieb auf einen schwimmenden Körper hat zum Angriffspunkt den Schwerpunkt S_1 der verdrängten Wassermasse, der im allgemeinen mit dem Schwerpunkt S des Körpers nicht zusammenfällt. Befindet sich der Körper im Gleichgewicht, so heißt die Verbindungslinie SS_1 die Schwimmachse des Körpers. Wird das Gleichgewicht gestört, so neigt sich die Schwimmachse, und der Punkt S_1 tritt nun im allgemeinen aus der Schwimmachse heraus. Die durch S_1 gehende Senkrechte schneidet die Schwimmachse, und diesen Schnittpunkt nennt man das Metazentrum; dorthin kann man den Angriffspunkt des Auftriebs verlegen. Nun bilden das Gewicht des Körpers und der Auftrieb ein Kräftepaar, das die Schwimmachse aufrichtet, wenn S unter M (Metazentrum) liegt: stabiles oder sicheres Gleichgewicht; hingegen versucht es, die Schwimmachse umzuwerfen, wenn sich S über M befindet: labiles oder unsicheres Gleichgewicht.

31. Wichte, Dichte

1. Wichte. Unter der Wichte γ (spezifisches Gewicht, Artgewicht) eines homogenen Körpers versteht man den Quotienten aus dem Gewicht G und dem Volumen V des Körpers. Sie ist eine Stoffkonstante, die formelmäßig durch:

$$\gamma = \frac{G}{V}$$

darstellbar ist. Hieraus folgt $G = \gamma V$ und $V = G/\gamma$.

MKS-Einheit- 1 N/m^3; CGS-Einheit: 1 dyn/cm^3.

Techn. Einheit: 1 kp/dm^3 = 1 p/cm^3

dim $\gamma = ML^{-2}T^2$ im MKS- und CGS-System.

II. Dichte. Unter der Dichte ϱ eines Körpers versteht man den Quotienten aus der Masse m und dem Volumen V des Körpers. Sie ist wie die Wichte eine Stoffkonstante, die formelmäßig durch:

$$\varrho = \frac{m}{V}$$

darstellbar ist. Hieraus folgt $m = \varrho V$ und $V = m/\varrho$.

MKS-Einheit: 1 kg/m^3; CGS-Einheit: 1 g/cm^3

Techn. Einheit: 1 TME/m^3

dim $\varrho = ML^{-3}$ im MKS- und CGS-System.

Bemerkung 1: Dichte und Masse sind im Gegensatz zur Wichte und Gewicht ortsunabhängig.

Bemerkung 2: Im MKS-System und CGS-System ist $\gamma = \varrho g$, wenn γ, ϱ und g in den betreffenden Einheiten gemessen werden.

Bemerkung 3: Das Relativgewicht ist eine reine Verhältniszahl und als solche mit der Dimension 1 versehen. Es gibt lediglich an, wie vielmal so schwer ein Körper wie die gleiche Volumenmenge von Wasser ist (= Wichtezahl ohne Maßeinheit).

III. Bestimmung des spezifischen Gewichts fester Körper.

α) Mit der hydrostatischen Waage G ist das Gewicht des Körpers in Luft, G_1 das in Wasser, γ_w das spezifische Gewicht des Wassers. Das spezifische Gewicht (sp. G.) ist dann:

$$\gamma = \frac{G}{G - G_1} \gamma_w.$$

β) Mit dem Pyknometer. Das Gewicht des leeren Fläschchens sei a; das Gewicht des Fläschchens, mit Wasser von 4 °C gefüllt, b; das Gewicht desselben, wenn es nur den Körper eingelegt enthält, dessen sp. G. gefunden werden soll, c; wenn es außerdem noch mit Wasser angefüllt wird, d. Das sp. G. ist:

$$\gamma = \frac{(c - a)\,\gamma_w}{b + c - (a + d)}$$

IV. Bestimmung des spezifischen Gewichts von Flüssigkeiten.

α) Mit der hydrostatischen Waage. q und q_1 sind die Gewichtsverluste eines Senkkörpers, den man nacheinander in Wasser und in die zu untersuchende Flüssigkeit eintaucht. Das sp. G. ist:

$$\gamma = (q_1/q)\,\gamma_w$$

β) Mit dem Pyknometer. a ist das Gewicht des leeren, b das Gewicht des mit Wasser und c das Gewicht des mit der fraglichen Flüssigkeit gefüllten Fläschchens; es ist:

$$\gamma = [(c - a)/(b - a)]\,\gamma_w$$

γ) Mit zwei kommunizierenden Röhren. Sind die spezifischen Gewichte der beiden Flüssigkeiten γ_1 und γ_2, die Höhen der Flüssigkeitssäulen h_1 und h_2 (gemessen vom gemeinsamen Niveau ab), so gilt:

$$\gamma_1 : \gamma_2 = h_2 : h_1$$

32. Eigenschaften der Gase

a) Gase besitzen wie Flüssigkeiten Volumelastizität, vgl. Nr. 29.

b) Bei der Bestimmung des spezifischen Gewichts der Gase ist zu beachten, daß das Volumen auf 0 °C und Normaldruck reduziert werden muß.

c) Archimedisches Prinzip, vgl. Nr. 30. Dieser Gewichtsverlust ist gleich dem Auftrieb, und er beträgt, wenn wir mit V den Rauminhalt des Körpers in cm³, mit b den Barometerstand in Torr (= mm Hg), mit t die Temperatur in C-Graden und mit β die Raumausdehnungszahl für Gase ($= {}^1/_{273}$ je Grad) bezeichnen (vgl. Nr. 43):

$$G_1 = 0{,}001\,293\,\frac{p}{\text{cm}^3} \cdot \frac{V \cdot b}{760\ \text{mm Hg} \cdot (1 + \beta t)}$$

d) Steigkraft X eines Freiballons vom Rauminhalt V und dem Gesamtgewicht G, wenn γ das sp. G. der Luft und γ_1 das des Füllgases ist:

$$X = V(\gamma - \gamma_1) - G$$

e) Bei wissenschaftlichen Untersuchungen müssen die Wägungen auf den leeren Raum reduziert werden. Nennen wir das scheinbare Gewicht des Körpers in der Luft G und das der Gewichtsstücke im luftleeren Raum G_1, die Rauminhalte derselben V bzw. V_1 und das spezifische Gewicht der Luft γ, so ist:

$$G_1 = G + \gamma(V - V_1)$$

33. Luftdruck. Luftpumpen

a) Der *Luftdruck* ist an den verschiedenen Orten der Erde ungleich und unterliegt sowohl periodischen als auch unregelmäßigen Schwankungen. Am Meeresspiegel in unseren Breiten hält der mittlere Luftdruck einer Quecksilbersäule von 760 mm Höhe das Gleichgewicht. Da nun 1 cm³ Quecksilber bei 0 °C 13,6 p wiegt, so beträgt der Luftdruck eine Atmosphäre (1 atm), d. h. die Druckkraft (das Gewicht) der Luft auf ein Quadratzentimeter $13{,}6\,\frac{\mathrm{p}}{\mathrm{cm}^3} \cdot 76\,\mathrm{cm} \approx 1033\,\frac{\mathrm{p}}{\mathrm{cm}^2}$ oder 1,033 kp/cm², rund 1 kp/cm².

Weitere Druckeinheiten:

1. Die Druckeinheit im MKS-System ist das Bar (b):

$$1\,\mathrm{b} = 10^5\,\mathrm{N/m^2}$$

Kleinere Einheiten sind 1 Millibar und 1 Mikrobar:

$$1\,\mathrm{mb} = 10^{-3}\,\mathrm{b}$$
$$1\,\mu\mathrm{b} = 10^{-6}\,\mathrm{b}$$

2. Die Druckeinheit im CGS-System ist das Mikrobar:

$$1\,\mu\mathrm{b} = 1\,\mathrm{dyn/cm^2}$$

Diese Einheit ist jedoch für die meisten Messungen zu klein (sie entspricht etwa dem Druck von 1 mp auf 1 cm²).

3. Die Druckeinheit im technischen Maßsystem ist 1 kp/cm²; sie wird als 1 technische Atmosphäre (= 1 at) bezeichnet. Eine kleinere

Einheit ist 1 kp/m²; sie wird unter Normbedingungen durch den Druck einer Wassersäule (WS) von 1 mm Höhe veranschaulicht.

4. Der Druck von 1 mm Quecksilbersäule (Hg) bei 0 °C und Normalgewicht heißt 1 Torr. Die Umrechnung ergibt: 1 mb $\approx$ ³/₄ Torr.

5. Unterscheide also:

1 Bar (1 b) = 10^5 N/m²,
umgerechnet = 750,062 Torr = 1,0197 at
1 Millibar (1 mb) = 100 N/m² $\approx$ 0,75 Torr
1 Mikrobar (1 μb) = 1 dyn/cm²

1 techn. Atmosphäre (1 at) = 1 kp/cm² ($\approx$ Druck von 10 m WS), umgerechnet = 980,665 · 10^2 N/m² = 980,665 mb = 735,559 Torr = 0,9678 atm

1 physikal. Atmosphäre (1 atm) = 760 Torr (= Druck von 760 mm Hg), umgerechnet = 1013,250 · 10^2 N/m² = 1013,250 mb = 10,333 m WS = 1,0332 at
Torr = 1 atm/760 (= Druck von 1 mm Hg),
umgerechnet = 133,3 N/m² = 1,333 mb = 13,6 mm WS

Druck von 1 mm Wassersäule (1 mm WS) = 1 Torr/13,6 ,
umgerechnet = 9,81 N/m² = 10^{-4} at

1 Newton je m² (1 N/m²),
umgerechnet = 10^{-2} mb = 0,7501 · 10^{-2} Torr = 0,102 mm WS = 1,02 · 10^{-5} at = 0,987 · 10^{-5} atm

Alle Barometerstände sind auf 0 °C zu reduzieren. Die den Luftdruck anzeigenden Barometerstände nehmen in geometrischer Reihe ab, während die Höhen in arithmetischer Reihe wachsen (vgl. Nr. 43, III).

b) *Barometrische Höhenmessung.* An den Orten B_0 und B_1 seien b_0 und b_1 die Barometerstände, t sei die mittlere Temperatur und h der Höhenunterschied, dann gilt die Formel:

$$h = 18\,400 \text{ m} \lg(b_0/b_1)(1 + 0{,}004 \text{ grd}^{-1}\, t)$$

Für Höhenunterschiede bis zu etwa 1000 m darf der bequemere Näherungswert

$$h = 16\,000 \text{ m} \cdot (1 + 0{,}004 \text{ grd}^{-1}\, t)\,\frac{b_0 - b_1}{b_0 + b_1}$$

genommen werden.

c) *Grad der Verdünnung.* V bedeute den Inhalt des Rezipienten, V_1 den Raum des Pumpenzylinders, der bei jedem Kolbenhub frei wird, ϱ die Dichte der Luft vor Beginn des Versuches. Die Dichte ϱ_n in dem Rezipienten nach dem n-ten Kolbenzug ist:

$$\varrho_n = \varrho \left(\frac{V}{V + V_1} \right)^n$$

d) *Grad der Verdichtung.* Bei Verwendung derselben Bezeichnungen gilt:

$$\varrho_n = \varrho \frac{V + n V_1}{V}$$

Beide Formeln liefern theoretische Werte für Kolbenpumpen.

e) *Daltons Gesetz.* Befinden sich mehrere Gase oder Dämpfe in demselben Raum und findet dabei keine chemische Wechselwirkung statt, so ist der Gesamtdruck des Gemenges gleich der Summe der Einzeldrucke der Gemengeteile.

34. Gesetz von Boyle-Mariotte

Sind V und V_1 die Rauminhalte derselben Gasmenge bei den Drucken p und p_1 und ϱ und ϱ_1 die zugehörigen Dichten, so gilt:

$$V : V_1 = p_1 : p \qquad \varrho : \varrho_1 = p : p_1$$

$$pV = p_1 V_1 = \text{const.}$$

In Worten: Der Rauminhalt einer abgeschlossenen Gasmenge verhält sich bei unveränderter Temperatur umgekehrt wie der Druck, der auf sie ausgeübt wird.

Das Produkt aus Druck und Rauminhalt derselben Gasmenge ist konstant. Nach dem Gesetz von der Gleichheit der Wirkung und Gegenwirkung ist die Spannkraft eines Gases gleich dem äußeren Druck; mithin kann der obige Satz auch so ausgesprochen werden:

Bei unveränderter Temperatur ist das Produkt aus dem Rauminhalt und der Spannkraft derselben Gasmenge konstant.

Die Dichte eines Gases ist dem darauf wirkenden äußeren Druck oder seiner Spannkraft direkt proportional.

Zusatz. Die Gleichung $pV = \text{const.}$ ist die einer gleichseitigen Hyperbel, welche man in der Zeichnung erhält, wenn man unter Zugrundelegung eines rechtwinkligen Koordinatensystems den Rauminhalt V als Abszisse und den Druck p als Ordinate aufträgt.

III. Kapitel. Dynamik der Flüssigkeiten und Gase

35. Strömung von Flüssigkeiten und Gasen

a) Eine stationäre Strömung ist dadurch ausgezeichnet, daß an einem beliebigen Querschnitt in jedem Augenblick ebensoviel zu- wie abfließt.

b) Die Stromstärke I, d. i. die sekundliche Durchflußmenge, wird gemessen durch das Produkt aus Querschnitt mal Geschwindigkeit:

$$I = A \cdot v$$

c) Für verschiedene Querschnitte gilt bei einer stationären Strömung die Kontinuitätsgleichung:

$$A_1 v_1 = A_2 v_2 = A_3 v_3 = \text{const.}$$

d) *Allgemeine Druckgleichung* (Bernoulli). Bedeuten p den Druck, V den Rauminhalt, m die Masse der Flüssigkeit, ϱ ihre Dichte, h die Hubhöhe, v die Geschwindigkeit, g die Erdbeschleunigung, so ist:

$$pV + mgh + \tfrac{1}{2} mv^2 = \text{const.}$$

oder (nach Division durch V):

$$p + \varrho gh + \tfrac{1}{2} \varrho v^2 = \text{const.}$$

Der 1. Summand stellt die von der Flüssigkeit verrichtete Arbeit, der 2. die Lagenenergie und der 3. die Bewegungsenergie dar. Ändert sich die Höhenlage nicht, so ist

$$p + \tfrac{1}{2} \varrho v^2 = \text{const.} = p_1;$$

p heißt der statische, $\frac{1}{2} \varrho v^2$ der Staudruck (mit der Dimension $\mathsf{ML^{-1}\,T^{-2}}$ eines Druckes). Die Bernoullische Gleichung besagt also, daß in einem horizontalen System die Summe aus statischem und Staudruck konstant ist. Unter Verwendung eines Staurohres erlaubt die letzte Gleichung, Strömungsgeschwindigkeiten zu messen.

p_1 ist der Gesamtdruck bzw. der statische Druck für $v = 0$ (also für ruhende Flüssigkeit). Je größer mithin die Geschwindigkeit der Flüssigkeit ist, desto kleiner ist ihr statischer Druck gegenüber der ruhenden Flüssigkeit.

e) Mit der Venturi-Düse, einem Rohr mit Verengung, kann nachgewiesen werden, daß an der Düse (infolge der starken Zunahme der Strömungsgeschwindigkeit) ein erheblicher Unterdruck entsteht (Saugwirkung bei der Wasserstrahlpumpe, beim Zerstäuber, Bunsenbrenner u. a.).

f) *Leistung von Wasserkraftmaschinen.* Ist Q das in der Sekunde zufließende Wassergewicht in kp und h das Nutzgefälle in m, so ist theoretisch die zur Verfügung stehende Leistung in PS

$$P = \frac{Qh}{75}.$$

Ist bei einem Schaufelrad die Eintrittsgeschwindigkeit v_e, die beim Austritt v_a in m/s. so gilt:

$$P = \frac{1}{2}\,\frac{Q}{g}\,(v_e^2 - v_a^2) \text{ in kpm/s}$$

g) Eine rotierende Flüssigkeitsoberfläche hat die Oberfläche eines Rotationsparaboloids. Für dieses gilt:

Ist r_0 der Radius des Gefäßes und ω die Winkelgeschwindigkeit, so liegt der Scheitel des Rotationsparaboloids um den Betrag

$$\frac{\omega^2 r_0^2}{4g}$$

niedriger als das Niveau der ruhenden (d.h. nicht rotierenden) Flüssigkeit.

36. Ausfluß von Flüssigkeiten und Gasen aus einer Öffnung

Die Geschwindigkeit, mit der eine Flüssigkeit durch eine kleine Bodenöffnung eines Gefäßes, die den Abstand h vom Flüssigkeitsspiegel hat, ausfließt, beträgt:

$$v = \sqrt{2gh}$$

Die Ausflußgeschwindigkeit ist unabhängig von der Natur der Flüssigkeit und ebenso groß wie die beim freien Fall vom Spiegel bis zur Bodenöffnung erlangte Endgeschwindigkeit (Gesetz von Torricelli).

Wird die Druckhöhe konstant gehalten und beträgt der Querschnitt der Öffnung A, so strömt in der Zeiteinheit die Menge

$$Av = A\sqrt{2gh}$$

aus. Wegen der Kontraktion des Strahles ist die wirkliche Ausflußmenge geringer als die theoretisch abgeleitete. Der Erfahrungskoeffizient beträgt für Wasser etwa 0,6.

Strömt die Flüssigkeit unter der Einwirkung der Schwere durch eine seitliche Wandöffnung aus, so gilt folgender Satz:

Die Ausflußgeschwindigkeit ist unabhängig von der Natur der Flüssigkeit und ebenso groß wie die beim freien Fall vom Spiegel bis zur Seitenöffnung erlangte Endgeschwindigkeit. Die ausströmende Flüssigkeit beschreibt eine Parabel.

Leert sich ein aufrechtes, zylindrisches Gefäß, so ist die mittlere Ausflußgeschwindigkeit:

$$v = \tfrac{1}{2}\sqrt{2\,gh}$$

Ist ein aufrechtes, zylindrisches Gefäß bis zu der Höhe h bzw. h_1 gefüllt, so gilt für die Ausflußzeiten die Beziehung:

$$t^2 : t_1^2 = h : h_1$$

Für die Gase gelten folgende Zusätze:

1. Für die Geschwindigkeit des Ausflusses von Gasen gelten die gleichen Gesetze wie bei den Flüssigkeiten. Bei den Gasen ist diese Druckhöhe durch die Beobachtung nicht unmittelbar gegeben, denn der auf einer gewissen Gasschicht lastende Druck kann nur durch eine Wasser- oder Quecksilbersäule von der Höhe h gemessen werden. Ist ϱ die Dichte des in einem Kolben befindlichen Gases, das unter dem Druck p_1 steht und strömt es aus einer nicht zu großen Öffnung in den Außenraum, in dem der Druck p_2 herrscht, mit der Geschwindigkeit v aus, so gilt:

$$v = \sqrt{\frac{2(p_1 - p_2)}{\varrho}}\,.$$

Ist die Druckdifferenz dauernd konstant, was durch Verschiebung des Kolbens erreicht werden kann, so ist die Ausströmgeschwindigkeit v umgekehrt proportional der Wurzel aus der Dichte des Gases. Bezeichnen v_1 und v_2 die Ausströmungsgeschwindigkeiten zweier Gase mit den Dichten ϱ_1 und ϱ_2, so verhalten sie sich bei gleichen Überdrucken $\Delta p = p_1 - p_2$ umgekehrt wie die Quadratwurzeln aus den Dichten:

$$\frac{v_1}{v_2} = \sqrt{\frac{\varrho_2}{\varrho_1}}\,.$$

37. Flächen in Luft und Wasser

a) Eine ebene Fläche vom Inhalt A in m² wird mit der Geschwindigkeit v in m/s senkrecht zu sich selbst durch die Luft geführt oder, was in der Wirkung auf dasselbe herauskommt, es blase gegen sie ein Luftstrom mit der Geschwindigkeit v in m/s. Der auftretende Bewegungswiderstand (genannt Luftwiderstand) ist

$$R_w = r_w\, A\, \frac{\varrho}{2}\, v^2 \text{ (in kp)},$$

wobei ϱ die Dichte der Luft in kg/m³ und r_w die sogenannte Widerstandsbeizahl bedeuten (vgl. b). Der Luftwiderstand besteht teilweise aus einer Druckwirkung vor der Fläche, teils aus einer Saugwirkung hinter der Fläche (siehe auch f). Für die Geschwindigkeit v kommt stets nur die Relativgeschwindigkeit zwischen Luft und Fläche in Betracht.

b) Die Widerstandsbeizahl r_w (Dimension 1) schwankt in sehr weiten Grenzen, sie ist sehr groß bei senkrecht angeblasenen kreisförmigen Platten ($\approx$ 1,2) und runden Röhren und Stäben ($\approx$ 1), sehr klein beim Stromlinienkörper ($\approx$ 0,05).

c) Der Angriffspunkt der resultierenden Luftwiderstandskraft heißt Druckmittelpunkt und befindet sich bei einer senkrecht zur Bewegungsrichtung gestellten Fläche im geometrischen Mittelpunkt, er wandert um so mehr gegen die Vorderkante, je kleiner der Anstellwinkel wird, und erreicht diese bei $\alpha = 0°$. Druckmittelpunkt und Schwerpunkt fallen im einfachsten Fall zusammen.

d) Das senkrechte Herabschweben mittels Fallschirmes vom Gewicht G erfolgt mit der Geschwindigkeit

$$v = \sqrt{\frac{2G}{r_w \cdot A \cdot \varrho}}$$

(Bezeichnungen wie bei a).

e) Eine gewölbte Profilfläche hat gegenüber einer ebenen Fläche derselben Größe nicht nur einen bedeutend größeren Auftrieb, sondern gleichzeitig auch einen geringeren Luftwiderstand. Sie besitzt im Unterschied zu der ebenen Fläche nicht nur Auftrieb bei positiven Anstellwinkeln, sondern auch bei dem Anstellwinkel 0° und sogar bei kleinen negativen Winkeln.

Der dynamische Auftrieb einer Tragfläche ist bedingt durch die Zirkulation der Flüssigkeit um das Flügelprofil; oberhalb der Tragfläche addieren sich Zirkulation und Potentialströmung (fortschreitende Strömung), unterhalb der Tragfläche wirken sie einander entgegen.

Die Strömung ist „gesund", wenn sich die Stromlinien überall an das Profil anschmiegen, „krank", wenn sie auf der hinteren Hälfte der Oberseite immer mehr abreißt. (Rasche Verringerung des Auftriebs, „Überziehen des Tragflügels".)

f) *Prandtlsche Grenzschicht.* In unmittelbarer Nähe der Wandungen wird ein verhältnismäßig kleiner Teil der Luft (des Wassers) stark verzögert und haftet an der Wand selbst. Schieben sich diese Grenzschichten in die freie Luftmasse (Flüssigkeit) hinaus, so erzeugen sie Wirbel, die Energie verzehren. Um die Wirbelbildung zu verringern, werden Luftschiffkörper in eine lange Spitze ausgezogen („Stromlinienform").

g) Der *Magnuseffekt* besteht darin, daß die unsymmetrische Strömung durch die Drehung aufrechterhalten werden kann, so daß der damit verbundene Quertrieb zur Wirkung kommt.

Je nach der Schnelligkeit der Drehung tritt die Ablösung der Grenzschicht an verschieden weit zurückliegenden Stellen der Oberfläche auf. Die Unsymmetrie und damit die Querkraft hängen davon ab.

h) Ist die Fläche schräg angestellt, so läßt sich die Gesamtluftkraft in den im Raume senkrecht nach oben gerichteten Auftrieb R_a und den waagerecht nach rückwärts gerichteten Widerstand R_w zerlegen. Es ist:

$$R_a = r_a\, A\, \frac{\varrho}{2}\, v^2 \text{ (in kp)}$$

$$R_w = r_w\, A\, \frac{\varrho}{2}\, v^2 \text{ (in kp)}$$

Benennung und Bedeutung der Buchstaben wie bei a); r_a ist die Auftriebsbeizahl.

i) Die Gleitzahl ε ist das Verhältnis von Widerstand zu Auftrieb; sie ist ein Maß für die Güte des Tragflügels bzw. Flugzeugs.

$$\varepsilon = R_w/R_a = \tan \varphi$$

φ heißt der Gleitwinkel. Beim normalen Geradeausflug ist

Auftrieb R_a = Fluggewicht G
Gesamtwiderstand R_w = Schubkraft Z,
also ist auch $Z = \varepsilon G$.

k) *Polardiagramm*: Die für die einzelnen Anstellwinkel α festgestellten Werte von r_a und r_w werden, wie die Fig. 26 zeigt, in ein rechtwinkliges Koordinatensystem eingezeichnet, und man erhält die sog. Polare. Das günstigste Verhältnis von $\varepsilon = r_w : r_a$ liefert die vom Koordinatenursprung an die Polare gezogene Tangente.

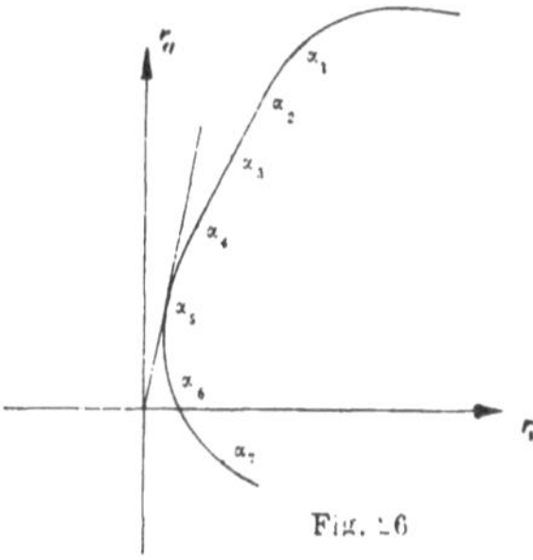

Fig. 26

(Die meisten Polardiagramme sind wegen der Verschiedenheit der Zahlenwerte von r_w und r_a verzerrt gezeichnet.)

l) Die *Geschwindigkeit* des Flugzeuges beträgt:

$$v = \sqrt{\frac{2G}{r_a \varrho A}} \text{ (in m/s)}$$

(Bezeichnungen wie bei a, h und i); sie muß um so größer sein, je kleiner r_a, d. h. je kleiner der Anstellwinkel ist, je größer die Belastung auf die Flächeneinheit und je kleiner die Luftdichte ist.

m) Der *Steigflug* entspricht der Bewegung auf der schiefen Ebene nach oben, der *Gleitflug* der Bewegung auf der schiefen Ebene abwärts, beim Kurvenflug bilden das Gewicht G und die Fliehkraft eine Resultierende, die dem Auftrieb entgegengesetzt gleich ist.

IV. Kapitel. Molekularphysik

38. Atom- und Molekulargewicht

I. Für die Angabe der Quantität von Atommassen, stehen verschiedene Möglichkeiten zur Verfügung.

a) Das absolute Atomgewicht (genauer Atommasse) in Gramm bzw. Kilogramm. Beispiele: Elektronenmasse $m_e =$ $= 9{,}109 \cdot 10^{-31}$ kg, Protonenmasse $m_p = 1{,}6725 \cdot 10^{-27}$ kg, Neutronenmasse $m_n = 1{,}6748 \cdot 10^{-27}$ kg.

b) Das relative Atomgewicht A_r. Es gibt die Vielfachheit des Atomgewichts eines Elements bezüglich der „Atomaren Masseneinheit" $1\,u = 1{,}660\,32 \cdot 10^{-27}$ kg. $1\,u = 1\,m_u$ ist der zwölfte Teil der Masse des Kohlenstoffisotyps ^{12}C. Ist m die Masse eines Atoms in Kilogramm, so läßt sich sein relatives Atomgewicht A_r aufgrund der Gleichung

$$A_r = m/1{,}660\,32 \cdot 10^{-27} \text{ kg}$$

bestimmen.

II. Das Molekulargewicht einer chemischen Verbindung. Es ist gleich der Summe der relativen Atomgewichte der Elemente der Verbindung. Dagegen ist die Massenzahl das gerundete Atomgewicht.

III. a) Das Gramm-Mol (g-mol) bzw. Kilogramm-Mol (kg-mol). Das ist die Masse in Gramm (Kilogramm), wie das relative Atomgewicht bzw. Molekulargewicht angibt. b) Das Molvolumen (Kilogramm-Molvolumen) ist das Volumen von einem Gramm-Mol (Kilogramm-Mol).

IV. a) Satz von Avogadro. Gleiche Gasvolumina enthalten bei gleichem Druck und gleicher Temperatur gleichviele Moleküle.

b) Ein Gramm-Mol (Kilogramm-Mol) enthält unabhängig vom Aggregatzustand und der Beschaffenheit des jeweiligen Stoffes immer gleich viele Atome bzw. Moleküle.

c) 1 Mol jedes Stoffes im Gaszustand nimmt unter Normalbedingungen (0 °C, 760 mm Hg) einen Raum von 22,412 l ein.

d) Avogadrosche Konstante N_A; d. i. die Anzahl der Moleküle oder Atome in einem Mol und diese beträgt: $N_A = 6{,}023 \cdot 10^{23}$/mol.

e) Loschmidtsche Konstante N_L; d. i. die Anzahl der Atome bzw. Moleküle in einem Kubikzentimeter unter Normalbedingungen an und diese ist: $N_L = 2{,}687 \cdot 10^{-19}$ cm³.

39. Oberflächenspannung. Kapillarität. Diffusion. Osmose

a) *Oberflächenspannung.* Jede der Schwere entzogene Flüssigkeit nimmt Kugelform an.

Ist l die Länge eines beweglichen, an einer Seifenlamelle hängenden waagerechten Drahtes, F die an l senkrecht angreifende Kraft (Belastung), die die Lamelle im Gleichgewicht hält, σ die Oberflächenspannung oder spezifische Oberflächenenergie (sie gibt die zur Dehnung der Oberfläche um 1 Flächeneinheit erforderliche Arbeit an), so gilt:

$$\sigma = \frac{F}{2\,l} \text{ [Maßeinheit dyn/cm bzw. N/m]}$$

Der Faktor 2 besagt, daß bei der Seifenlamelle zwei Oberflächen zu berücksichtigen sind.

Für eine kugelförmige Seifenblase ist der Überdruck Δp dem Halbmesser r der Blase umgekehrt proportional. Als Formel:

$$\Delta p = 4\,\sigma / r$$

b) *Kapillarität.* Die Oberflächenspannung bezeichnet man auch als Kapillaritätskonstante. Sie gibt die auf 1 cm bzw. 1 m

Randlinie angreifende Kraft an; ist ferner r der Halbmesser der Kapillaren, h die Steighöhe der Flüssigkeit vom spezifischen Gewicht γ in der Kapillaren, so gilt:

$$\sigma = r h \gamma / 2$$

Unter sonst gleichen Umständen ist also die Steighöhe umgekehrt proportional dem Halbmesser der Kapillaren.

c) *Diffusion.* Hat ein Gas in einem Raum den Druck p_1 und ein zweites unter gleichen Umständen in demselben Raum den Druck p_2, so haben die diffundierten Gase den Druck $p_1 + p_2$.

Die Diffusionsgeschwindigkeit der Gase durch poröse Membranen ist um so größer, je kleiner das Molekulargewicht derselben ist.

d) *Osmotischer Druck.* Der osmotische Druck einer Lösung ist gleich dem Druck, den der gelöste Stoff ausüben würde, wenn seine Moleküle als ideales Gas gleicher Temperatur in dem von der Lösung eingenommenen Raume vorhanden wären (van't Hoff). Der osmotische Druck einer stark verdünnten Lösung befolgt daher das Gesetz der idealen Gase.

Der osmotische Druck ist (bei konstanter Temperatur) proportional der Konzentration der Lösung, andererseits (bei konstanter Konzentration) proportional der absoluten Temperatur (Nr. 37). Sind Lösungsmittel, Temperatur und Zahl der gelösten Moleküle (unabhängig von ihrer chemischen Natur) gleich, so haben verschiedene Lösungen denselben osmotischen Druck.

40. Strömung in Kapillaren. Turbulenz. Gesetz von Stokes

I. a) *Dynamische Zähigkeit.* Zwei parallel verlaufende ebene Platten haben den Abstand d und befinden sich in einer Flüssigkeit. Verschiebt man eine von den beiden Platten mit der konstanten Geschwindigkeit v relativ zu der anderen ruhenden Platte, so ist zur Aufrechterhaltung dieser Bewegung eine Kraft F anzuwenden, die proportional der Fläche A der bewegten Platte und der Geschwindigkeit v und umgekehrt proportional dem Abstand d ist. Formelmäßig ausgedrückt:

$$F = \eta A \frac{v}{d} \cdot$$

Der Proportionalitätsfaktor führt den Namen dynamische Zähigkeit (Reibungszahl, Viskosität) der Flüssigkeit. η ist ein Maß für die Kraft in N (dyn), die man aufwenden muß, um die Platte von 1 m^2 Fläche (1 cm^2) und 1 m Abstand (1 cm) von der anderen Platte mit der Geschwindigkeit 1 m/s (1 cm/s) zu bewegen, wenn der zwischen ihnen liegende Raum mit Flüssigkeit ausgefüllt ist.

Einheit im MKS-System: 1 $kg\,m^{-1}\,s^{-1}$; dim $\eta = ML^{-1}T^{-1}$
Einheit im CGS-System : 1 Poise $= 1\,g\,cm^{-1}\,s^{-1}$.

b) *Kinematische Zähigkeit.* Der Quotient aus der dynamischen Zähigkeit η und der Dichte ϱ der Flüssigkeit heißt kinematische Zähigkeit ν. Formelmäßig: $\nu = \eta/\varrho$.

Einheit im MKS-System: 1 m^2/s; dim $\nu = L^2T^{-1}$
Einheit im CGS-System: 1 cm^2/s = 1 Stokes.

II. a) *Strömung in Kapillaren.* Ist V der in der Zeit t durch ein Kapillarrohr vom Halbmesser r gehende Rauminhalt einer Flüssigkeit von der Zähigkeit η und ist auf der Länge l der Druckunterschied Δp vorhanden, so gilt:

$$V = \frac{\pi}{8\eta} \left(\frac{\Delta p}{l}\right) r^4 \cdot t \text{ (Gesetz von Hagen und Poiseuille)}$$

b) *Turbulenz.* Bei einer Flüssigkeitsströmung gibt es eine gewisse Geschwindigkeit, unterhalb der sich die Flüssigkeitsteilchen parallel der Röhrenachse fortbewegen, oberhalb deren aber Wirbel und andere Unregelmäßigkeiten auftreten. Diese kritische Geschwindigkeit ergibt sich aus

$$\frac{\varrho \cdot d \cdot v}{\eta} = \text{const. (Reynoldssche Zahl),}$$

wobei ϱ die Dichte, d der Rohrdurchmesser, η die dynamische Zähigkeit des strömenden Mittels und v die mittlere Strömungsgeschwindigkeit bedeuten.

c) *Gesetz von Stokes.* Ein sehr kleines Tröpfchen vom Halbmesser r und der Dichte ϱ_1, das in einem Mittel von der Dichte ϱ_2 und der Zähigkeit η unter dem Einfluß der Schwere sinkt, hat die Geschwindigkeit:

$$v = \frac{2 g r^2 (\varrho_1 - \varrho_2)}{9 \eta}$$

(Die Formel ist nur unter gewissen Einschränkungen gültig, z. B. bei Wassertröpfchen in Luft nur für $r < 0{,}005$ mm.)

41. Kinetische Theorie der Gase

a) *Gasdruck.* N ist die Anzahl der Moleküle in einem Würfel der Kantenlänge a, v die mittlere Geschwindigkeit eines Moleküls, μ seine Masse, also $N\mu = m$ die Gesamtmasse des Gases in diesem Würfel und $\frac{mv^2}{2}$ seine kinetische Energie. Dann gilt für den Gasdruck p:

$$p = \frac{1}{3} \cdot \frac{N\mu}{a^3} \cdot v^2 \text{ oder anders zusammengefaßt: } p = \frac{2}{3V} \cdot \frac{mv^2}{2}$$

Das heißt: Der Druck einer idealen Gasmenge ist (bei gleichbleibendem Volumen) der Bewegungsenergie ihrer Moleküle proportional.

Betrachtet man aber $\frac{N\mu}{a^3} = \frac{m}{V}$ als Dichte ϱ des Gases, so wird der Gasdruck $p = \frac{1}{3} \varrho v^2$.

b) Hieraus läßt sich die *mittlere Geschwindigkeit v der Gas moleküle* berechnen:

$$v = \sqrt{3\, p/\varrho}$$

So ist etwa für Luft von der Dichte $\varrho = 1{,}293$ kg m^{-3} und dem Luftdruck $p = 760$ Torr $= 760 \cdot 133$ N m^{-2} bei der Temperatur 0 °C:

$$v = \sqrt{\frac{3 \cdot 760 \cdot 133 \text{ N m}^{-2}}{1{,}293 \text{ kg m}^{-3}}} = \sqrt{23{,}48 \cdot 10^4 \text{ m}^2 \text{ s}} = 484{,}6 \text{ m/s}$$

Die mittlere Molekulargeschwindigkeit der Luft ist also noch etwas größer als die Schallgeschwindigkeit in Luft bei 0 °C. Für Wasserstoff beträgt $v = 1840$ m/s für Stickstoff 493 m/s für Sauerstoff 461 m/s für Kohlendioxyd 393 m/s (sämtlich bei 0 °C).

c) Die *Stoßzahl n* eines Moleküls in der Sekunde unter der Voraussetzung, daß die Moleküle Kugeln vom Halbmesser r seien und für a^3 die Raumeinheit gesetzt wird, beträgt:

$$n = 4\pi r^2 \sqrt{2}\, N v$$

Im Normalzustand beträgt die Stoßzahl je Sekunde für Wasserstoff $15 \cdot 10^9$, für Sauerstoff $6{,}6 \cdot 10^9$, für Stickstoff $7{,}6 \cdot 10^9$, für Kohlendioxyd $9{,}1 \cdot 10^9$.

d) Die *mittlere freie Weglänge l* eines Moleküls ist (unter den gleichen Voraussetzungen wie bei c):

$$l = \frac{1}{4\pi r^2 \sqrt{2}\, N}.$$

Mittlere freie Weglänge für Wasserstoff $1{,}12 \cdot 10^{-5}$ cm, für Sauerstoff $0{,}65 \cdot 10^{-5}$ cm, für Stickstoff $0{,}58 \cdot 10^{-5}$ cm, für Kohlendioxyd $0{,}39 \cdot 10^{-5}$ cm (unter Normalbedingungen).

e) Die *Reibungszahl* η der Gase wird hiermit:

$$\eta = \tfrac{1}{3}\,\varrho l v \text{ (theoretischer Wert)}$$

f) Der *Rauminhalt* $V_{\min}$ sämtlicher Moleküle, wenn das Gas in festen Zustand übergegangen ist, ist gegeben durch:

$$V_{\min} \approx 8\, r^3 N$$

g) Eine *Kugel vom Radius r*, die sich mit konstanter Geschwindigkeit in einer Flüssigkeit bewegt, erfährt die Reibungskraft F:

$$F = 6\pi \eta v r.$$

h) Die *absolute Temperatur einer idealen Gasmenge* ist der mittleren Bewegungsenergie ihrer Moleküle proportional:

$$T = \text{const} \cdot \frac{1}{2}\, \mu v^2.$$

V. Kapitel. Wärmelehre

42. Thermometer

Die Fixpunkte sind bei 760 mm Hg.

	Celsius	Reaumur	Fahrenheit	Kelvin
Eispunkt des Wass.	0 °C	0 °R	32 °F	273 °K
Siedepunkt des Wass.	100 °C	80 °R	212 °F	373 °K

$$n\ °C = \tfrac{4}{5}\, n\ °R = (\tfrac{9}{5}\, n + 32)\ °F$$
$$n\ °R = \tfrac{5}{4}\, n\ °C = (\tfrac{9}{4}\, n + 32)\ °F$$
$$n\ °F = \tfrac{5}{9}\,(n - 32)\ °C = \tfrac{4}{9}\,(n - 32)\ °R$$
$$n\ °K = (273 + n)\ °C$$

Festpunkte:	Sauerstoffsiedepunkt normal	− 182,97 °C
	Eisschmelzpunkt normal	0,00 °C
	Wasserdampfpunkt normal	100,00 °C
	Schwefelsiedepunkt normal	444,60 °C
	Silberschmelzpunkt normal	960,8 °C
	Goldschmelzpunkt normal	1063,00 °C

grd = Kurzzeichen für 1 Grad Temperaturdifferenz der dezimalen Temperaturskalen (in °C oder °K).

43. Ausdehnung der Körper durch die Wärme

I. *Feste Körper.* a) Sind l bzw. l_0 die bei den Temperaturen t und 0 °C gemessenen Längen eines prismatischen Stabes, so gilt:

$$l = l_0(1 + \alpha t);\ \alpha = \frac{\Delta l}{l_0 t}.$$

α heißt der Längenausdehnungskoeffizient. Er gibt an, um den wievielten Teil seiner bei 0 °C gemessenen Länge sich der Stab bei der Erwärmung um 1 grd ausdehnt.

b) Sind V bzw. V_0 die bei den Temperaturen t und 0 °C gemessenen Rauminhalte eines Körpers, so gilt:

$$V = V_0(1 + \beta t);\ \beta = \frac{\Delta V}{V_0 t}.$$

β heißt kubischer Ausdehnungskoeffizient. Er gibt an, um den wievielten Teil sich sein bei 0° C gemessener Rauminhalt bei der Erwärmung um 1 grd ausdehnt. Hierbei gilt mit großer Annäherung: $\beta = 3\alpha$.

II. *Flüssigkeiten.* Für sie gilt ebenfalls: $V = V_0(1 + \beta t)$. Bedeuten ϱ_0 und ϱ die Dichten bei den Temperaturen 0 °C und t, so ist:

$$\beta = \frac{1}{t}\left(\frac{\varrho_0}{\varrho} - 1\right).$$

III. *Reduktion eines Barometerstandes.* Bezeichnen wir mit b den abgelesenen Stand, mit b_0 der reduzierten Stand, mit β die Raumausdehnungszahl des Quecksilbers und mit α die Längenausdehnungszahl des Skalenmaterials, so gilt:

$$b_0 = b(1 - (\beta - \alpha)t).$$

IV. *Gase.* a) Ausdehnung bei konstantem Druck nach Gay-Lussac:

$$V_t = V_0[1 + \beta t].$$

Die Ausdehnungszahl β ist für alle Gase fast genau dieselbe:

$$\beta = \frac{1}{273\ \text{grd}} \approx 0{,}003\ 66\ \text{grd}^{-1}.$$

V. *Nach Gay-Lussac und Boyle-Mariotte ist*: $pV = p_0V_0 (1 + \beta t)$, wobei p_0 der Druck bei 0 °C und p der Druck bei der Temperatur t ist (Zustandsgleichung idealer Gase).

VI. *Absoluter Nullpunkt* = − 273 °C (genauer − 273,15 °C); absolute Temperatur in der Kelvin-Skala: $T = (273 + \{t\})$°K, wobei $\{t\}$ der Meßwert der in °C gemessenen Temperatur ist.

VII. Bezeichnet man den konstanten Faktor $p_0V_0/273$ °C mit C, so geht die Gleichung von V in die Gleichung über:

$$pV = CT.$$

C nimmt für verschiedene Gase gleicher Masse verschiedene Werte an, da diese Gase noch verschiedene Molekülzahlen besitzen. Gase, die aber das gleiche Molvolumen v (= Volumen des Gases V dividiert durch die Anzahl der Mole) besitzen, enthalten gleichviele Moleküle N_A (Avogadrosche Regel).

Wenn statt V immer v genommen wird, so bleibt C dann für alle Gase gleich, und die allgemeine Gasgleichung lautet, wenn V durch v und C durch R ersetzt wird:

$$pv = RT$$

Zahlenwerte der allgemeinen Gaskonstanten R:

$R = 8{,}3147 \cdot 10^3$ J/grd·kg-mol $= 8{,}3147 \cdot 10^7$ erg/grd·g-mol.

VIII. *Druckgleichung für konstanten Rauminhalt*: $p = p_0(1 + \beta t)$. β bedeutet hier den Spannungskoeffizienten, der zahlenmäßig gleich dem Ausdehnungskoeffizienten ist und der angibt, um den wievielten Teil des bei °C gemessenen Druckes der Druck oder die Spannung eines Gases steigt, wenn die Temperatur um 1 grd erhöht wird.

44. Kalorimetrie, spezifische Wärmekapazität

I. *Wärmemenge*. Maßeinheit der Wärme: 1 (große, kleine) Kalorie, d. i. diejenige Wärmemenge, die nötig ist, um 1 kg (1 g) Wasser um 1 grd zu erwärmen (kcal, cal), genauer 1 cal_{15} = die Wärmemenge, die nötig ist, um 1 g Wasser von 14,5 °C auf 15,5 °C zu erwärmen.

II. *Die spezifische Wärmekapazität*. Sie gibt an, welche Wärmemenge erforderlich ist, um die Temperatur von 1 kg (1 g) dieser Substanz um 1 grd zu erhöhen (auch spezifische Wärme oder Artwärme genannt). Bezeichnen wir diese mit c, ferner mit Q die Wärmemenge, welche die Temperatur t der Masse m jenes Körpers auf t_1 bringt, so gilt für die Wärmemenge Q:

$$Q = cm(t_2 - t_1)$$

$[c] = 1$ kcal/kg·grd oder $[c] = 1$ cal/g·grd (vgl. Nr. II).

III. *Wärmekapazität*. Das Produkt aus der spezifischen Wärmekapazität c und der Masse m eines Körpers heißt seine Wärmekapazität W_c. Sie gibt an, wieviel Wärmeeinheiten nötig sind, um die Temperatur der Masse m um 1 grd zu erhöhen (auch noch Wasserwert genannt).

$$W_c = cm.$$

IV. *Bestimmung der spezifischen Wärmekapazität*. Man erhitzt die Masse m, von der c bestimmt werden soll, auf die Temperatur t und bringt sie alsdann in Wasser, das die Masse m_w und die anfängliche Temperatur t_1 hat. Nach dem Wärmeaustausch ($t_1 < t$) haben beide Substanzen die gleiche Endtemperatur t_2. Macht man die Annahme, daß sämtliche abgegebene Wärme nur von dem Wasser aufgenommen worden ist, so ergibt sich:

$$c = \frac{m_w(t_2 - t_1)}{m(t - t_2)} C_w; \quad c_w = 1 \frac{\text{cal}}{\text{g grd}} = 1 \frac{\text{kcal}}{\text{kg grd.}}.$$

V. *Die molare Wärmekapazität.* Diese ist das Produkt aus der spezifischen Wärmekapazität c und dem Atomgewicht A_r (bzw. dem Molekulargewicht M bei nicht einatomigen Stoffen). Für die chemischen Elemente im festen Zustand hat diese nach der Regel von Dulong-Petit den Wert: 6 cal/grd·g-mol.

VI. *Spezifische Wärme der Gase.* Bei einem Gas hat man zwei verschiedene Werte der spezifischen Wärmekapazität zu unterscheiden, je nachdem, ob man bei der Erwärmung den Druck oder das Volumen konstant hält. Erstere bezeichnet man als c_p, letztere als c_v. Die spezifische Wärmekapazität c_p bei konstantem Druck ist größer als die spezifische Wärme c_v bei konstantem Volumen. Das Verhältnis c_p/c_v ist bei einatomigen Gasen (z. B. den Edelgasen) 1,67, bei zweiatomigen (wie H_2, N_2, O_2) 1,4, bei dreiatomigen (wie CO_2) 1,3.

45. Änderung des Aggregatzustandes

I. *Schmelzen und Erstarren.* a) Den Schmelzpunkt kennzeichnet diejenige Temperatur, bei der der Körper aus dem festen in den flüssigen Zustand übergeht. b) Die Schmelzwärme Q_s ist der Quotient aus der Wärme Q, die man einem Körper, der schon die Schmelztemperatur angenommen hat, zuführen muß, um ihn zu schmelzen und seiner Masse m. $Q_s = Q/m$ (Q_s in kcal/kg oder cal/g). c) Die Schmelzwärme Q_s des Eises ist:

$$Q_s = \frac{b(t - t_1) - a t_1}{a} c_w,$$

wo a das Eisgewicht bei 0 °C, b das Wassergewicht, t die Anfangs- und t_1 die Endtemperatur bedeuten, Die Anwendung der Formel setzt voraus, daß alles Eis schmelzen kann. d) Die

Erstarrungswärme ist die beim Erstarren wieder frei werdende Schmelzwärme.

II. *Verdampfen und Kondensieren.* a) Den Siedepunkt kennzeichnet diejenige Temperatur, bei der der Körper aus dem flüssigen in den dampfförmigen Zustand übergeht. Er ist stark vom Druck abhängig. b) Die Verdampfungswärme Q_v ist der Quotient aus der Wärmemenge Q, die man einem Körper, der gern die Siedetemperatur angenommen hat, zuführen muß, um ihn zu schmelzen und seiner Masse m. $Q_v = Q/m$ (Q_v in kcal/kg bzw. cal/g). c) Die Verdampfungswärme wird beim Kondensieren als Kondensationswärme wieder frei. d) Die Kondensationswärme Q_v des Wassers ist:

$$Q_v = \frac{G_1(t_1 - t) - G(t_2 - t_1)}{G} c_w,$$

wo G_1 das Gewicht des Wassers, G das Gewicht des eingeleiteten Dampfes, t die Anfangstemperatur des Wassers, t_1 die gemeinsame Endtemperatur, t_2 die Temperatur des Dampfes bedeuten.

III. Die Temperatur eines ungesättigten (überhitzten) Dampfes ist höher als jene des gesättigten Dampfes bei gleicher Spannkraft. Ungesättigte Dämpfe verhalten sich in genügender Entfernung vom Sättigungspunkt wie Gase.

Die relative Dampfdichte ist das Verhältnis aus dem Quotienten der Masse des Dampfes, der die Temperatur t hat und unter dem Druck p steht und seinem Volumen V, zu der Dichte der Luft, die den Normalbedingungen genügt. Es ist:

$$\varrho_r = \frac{p_0(1 + \alpha t)\, m}{\varrho_L \cdot V \cdot p}$$

mit $p_0 = 760$ mm Hg; $\varrho_L = 0{,}001\,293$ g/cm³; $\alpha = 1/273$ grd, p in mm Hg, V in cm³, m in g, t in °C.

IV. Die *Gefrierpunktserniedrigung*, welche 1 g der gelösten Substanz in 1000 g des Lösungsmittels hervorbringt, heißt die reduzierte Gefrierpunktserniedrigung (red. G. E.). Das Produkt aus der red. G. E. und dem Molekulargewicht der gelösten Substanz ist eine Konstante des Lösungsmittels, die von der gelösten Substanz nicht abhängt. Für Wasser ist diese Konstante 1,86 grd/mol.

V. Die *Siedepunktserhöhung* (S. E.), die 1 g der gelösten Substanz in 1000 g des Lösungsmittels hervorbringt, heißt die reduzierte S. E. Das Produkt aus der red. S.E. und dem Molekulargewicht der gelösten Substanz ist eine Konstante des Lösungsmittels, die unabhängig von der Natur der gelösten Substanz ist. Sie beträgt für Wasser 0,52 grd/mol.

Zusatz. Die obigen Sätze gelten nur unter der Voraussetzung, daß der gelöste Stoff nicht dissoziiert (Elektrolyte) und keine Mischkristalle entstehen.

VI. Die *kritische Temperatur* eines Gases ist die Temperatur, oberhalb derer eine Verflüssigung nicht möglich ist.

46. Thermodynamik. Die drei Hauptsätze

I. *Mechanisches Wärmeäquivalent*: 1 kcal $\triangleq$ 427 kpm.

II. Bestimmung des mechanischen Wärmeäquivalents j nach Robert Mayer:

$$j = \frac{p_0}{\varrho (c_p - c_v)\, 273\,\text{grd}},$$

wobei p_0 den Druck des Gases bedeutet, ϱ die Dichte und c_p bzw. c_v die spezifischen Wärmekapazitäten (vgl. Nr. 44). Meist benutzte Werte $j = 427$ kpm/kcal $\triangleq$ 4186 Nm/kcal. Mißt man die Wärme Q in thermodynamischen Energieeinheiten (kcal), so gestattet j die Umrechnung in mechanischen Energieeinheiten (kpm bzw. Nm), wenn E die mechanische Energie bedeutet, vermöge der Gleichung: $E = jQ$.

III. *Zustandsgleichungen.* a) Zustandsänderungen, bei denen die Temperatur konstant bleibt, heißen isotherme Zustandsänderungen. Tritt in die Arbeitskörper weder Wärme ein noch aus ihnen aus, so hat man es mit adiabatischen Zustandsänderungen zu tun. Ein Kreisprozeß ist eine solche Aufeinanderfolge bestimmter Zustandsänderungen, durch die ein Körper schließlich genau wieder in seinen Anfangszustand zurückgeführt wird.

b) Bedeutet p den Druck, V den Rauminhalt, T die absolute Temperatur eines Gases, k den Quotienten c_p/c_v (Nr. 44 VI), so gilt für eine isotherme Zustandsänderung

$$pV = \text{const.},$$

für eine adiabatische $\quad pV^k = \text{const.},$

woraus folgt: $\quad TV^{k-1} = \text{const.}$

und $\quad \dfrac{p^{k-1}}{T^k} = \text{const.}$

Die letzten drei Gleichungen heißen die Poissonschen Gleichungen.

IV. *Erster Hauptsatz, Energiesatz*: Bezeichnet man jede Arbeitsfähigkeit eines Körpers als Energie, so sind chemische Verwandtschaft, mechanische Arbeit, Schall, Wärme, Licht, Magnetismus und Elektrizität verschiedene Formen der Energie. Wie die Erfahrung zeigt, ist die Energie unvergänglich, gleichwie der Stoff; sie kann aber von einem Körper auf einen anderen übertragen und von einer Form in eine andere übergeführt werden.

Sieht man von sonstigen Energien ab, so besteht die Gesamtenergie U eines Systems aus der Wärmemenge Q und dem mechanischen Arbeitsinhalt W. Drückt man diesen in Wärmeeinheiten aus, indem man mit j_1 das Wärmeäquivalent der Arbeitseinheit einführt, so ist:

$$U = Q + j_1 \cdot W.$$

Nimmt bei Wärmezufuhr U um $\mathrm{d}U$, Q um $\mathrm{d}Q$, W um $\mathrm{d}U$ zu, so gilt die weitere Gleichung:

$$\mathrm{d}U = \mathrm{d}Q + j_1 \cdot \mathrm{d}W,$$

wo $\mathrm{d}W$ sowohl den Zuwachs an äußerer als auch den an innerer Arbeit umfaßt. Die letzte Gleichung heißt erster Hauptsatz der Wärmelehre. In Worten: Die Summe der Zunahme der einem System von außen zugeführten Wärme und der Arbeit ist gleich der Zunahme der inneren Energie ($j_1 = 0{,}002\,27$ kcal/kpm).

V. *Zweiter Hauptsatz, Entropiesatz*: Erhält ein Körper bei einem Kreisprozeß von dem Erwärmer die Wärmemenge

Q_1, gibt er die Menge Q_2 an den Kühler ab, sind T_1, T_2 die absoluten Temperaturen des Erwärmers und des Kühlers und heißt η der Wirkungsgrad oder Nutzeffekt des Prozesses, so gilt:

$$\eta = \frac{Q_1 - Q_2}{Q_1} = \frac{T_1 - T_2}{T_1}\,.$$

Von allen Kreisprozessen, die zwischen den absoluten Temperaturen T_1 und T_2 ($T_1 > T_2$) ablaufen, liefert der Carnotsche Kreisprozeß den größten Nutzeffekt η.

b) Wird mit $\mathrm{d}Q$ eine von dem System aufgenommene Wärme, mit T die augenblickliche Temperatur des Systems bezeichnet, so ist:

$$\mathrm{d}S = \mathrm{d}Q/T,$$

das Differential einer den momentanen Zustand kennzeichnenden Funktion S. S heißt die Entropie des Systems.

c) Für ein ideales Gas der Masse m ist die Änderung der Entropie vom Zustand (V_1, T_1, p_1) in den Zustand (V_2, T_2, p_2):

$$\Delta S = m c_v \ln T_2/T_1 + (Rm/M) \ln V_2/V_1$$

(m = Masse, c_v = spezifische Wärmekapazität bei konstantem Volumen, T = absolute Temperatur, R = allgemeine Gaskonstante, M = Molekulargewicht, V = Volumen).

Die Entropie S eines Zustandes ist proportional dem Zehnerlogarithmus seiner Wahrscheinlichkeit P:

$$S = k \ln P = (R/N_A) \ln P.$$

$k = 1{,}3804 \cdot 10^{-16}$ erg grd^{-1} (Boltzmann-Konstante)
$R = 8{,}3146 \cdot 10^{7}$ erg grd^{-1} mol^{-1} (allgemeine Gaskonstante)
$N_A = 6{,}0236 \cdot 10^{23}$ mol^{-1} (Avogadrosche Konstante).

VI. Dritter Hauptsatz (oder das Nernstsche Wärmetheorem). Er besagt, daß bei adiabatischen Reaktionen einer festen und flüssigen Substanz die Änderung der Entropie am absoluten Nullpunkt ($T = 0$ °K) Null ist. Hieraus folgt, daß die absolute Temperatur $T = 0$ °K niemals erreicht werden kann.

47. Wärmeübertragung

I. *Wärmeleitung.* Für den stationären Wärmetransport durch einen Körper ist die Wärmeleitzahl λ charakteristisch.

Hat ein prismatischer Stab den überall gleichen Querschnitt A und die Länge l und wird seine Mantelfläche von einem wärmeisolierenden Stoff umhüllt, während die Stirnflächen dauernd die Temperaturen T_1 und T_2 ($T_1 > T_2$) behalten, so ist die in der Zeit t durch den Querschnitt A hindurchströmende Wärme Q gegeben durch:

$$Q = \lambda \, A t \frac{T_1 - T_2}{l}.$$

λ gibt diejenige Wärme an, die in einer Sekunde durch den Querschnitt eines Würfels mit den Seitenkanten 1 m strömt, wenn die Stirnflächen immer die Temperaturdifferenz 1 grd besitzen. λ wird in kcal/m s grd bzw. in cal/cm s grd angegeben.

Bei Wärmeleitungen, die nicht mehr stationär verlaufen, ist für die Geschwindigkeit des Temperaturausgleichs in einem Stoff die Temperaturleitzahl $\mu = \lambda/\varrho c$ charakteristisch. c ist die spezifische Wärmekapazität, ϱ die Dichte des Mediums und λ die Wärmeleitzahl.

II. *Wärmekonvektion.* Bei Wärmeübertragung durch Konvektion wird die Wärme zusammen mit dem Wärmeträger weggeführt.

III. *Wärmestrahlung.* Diese gehört zu den elektromagnetischen Strahlungen, die kein besonderes Medium für ihren Transport benötigen und sogar durch das Vakuum dringen können (vgl. Nr. 83).

VI. Kapitel. Wellenlehre und Akustik

48. Wellenlehre I

A. *Allgemeine Merkmale.* a) Die Periode, d. i. die Zeit T einer vollständigen Schwingung (Hin- und Hergang zusammen). Der reziproke Wert davon ergibt die Schwingungszahl oder Frequenz, d. i. die Anzahl von Schwingungen in 1 Sekunde:

$$f = 1/T \text{ (oder } \nu = 1/T).$$

Maßeinheit für die Schwingungszahl: 1 Hertz (1 Hz), d. i. eine Schwingung in der Sekunde. Größere Einheit: 1 Kilo-Hertz (1 kHz).

b) Die Phase, d. i. der Schwingungszustand, in dem sich das Teilchen zu einer beliebigen Zeit t befindet.

c) Die Elongation, d. i. die Schwingungsweite zur Zeit t.

d) Die Amplitude, d. i. die größte Entfernung des schwingenden Punktes von der Gleichgewichtslage.

e) Die Gestalt der Bahn, die von dem schwingenden Punkt beschrieben wird (Gerade, Kreis, Ellipse).

f) Das Dämpfungsverhältnis. Dieses gibt das Verhältnis der Amplituden zweier aufeinanderfolgender Schwingungen an. Bei gedämpften Schwingungen nehmen die Amplituden ab. Die Differenz der Logarithmen zweier aufeinanderfolgender Amplituden heißt das logarithmische Dekrement.

Wird ein Punkt gleichzeitig zu mehreren Schwingungen angeregt, so führt er eine Bewegung aus, die man durch Übereinanderlagerung (Superposition) der einzelnen Bewegungen erhält.

II. *Fortschreitende Wellen.* a) Querwellen: Die Schwingungen erfolgen senkrecht zu der Richtung der Fortpflanzung. Längswellen: Die Schwingungen erfolgen in der Richtung der Fortpflanzung.

Die Wellenlänge λ, d. i. der Abstand zweier unmittelbar aufeinanderfolgender Teilchen von derselben Schwingungsphase, ist:

$$\lambda = vT\,,$$

wobei v die Ausbreitungsgeschwindigkeit ist. Hieraus ergibt sich:

$$v = f\lambda.$$

Für die Wellenzahl σ, d. i. die Anzahl von Schwingungen auf einer Längeneinheit, meist auf 1 Zentimeter, gilt:

$$1 = \sigma\lambda$$

b) Am Erregerort der Welle ist die Elongation x zur Zeit t gegeben durch:

$$x = a \sin \frac{2\pi t}{T} = a \sin 2\pi f t,$$

wobei a die Amplitude bedeutet. Ein Punkt in der Entfernung

x_1 vom Erregerort tritt $\frac{x_1}{v}$ Sekunden später in die Bewegung ein, seine Elongation ist:

$$y = a \sin \frac{2\pi}{T}\left(t - \frac{x_1}{v}\right)$$
$$= a \sin 2\pi\left(\frac{t}{T} - \frac{x_1}{\lambda}\right).$$

III. *Zusammensetzung von Wellen* (Interferenz). a) Zwei Wellen sollen sich in der gleichen Richtung längs derselben Geraden ausbreiten. Die Wellenlängen seien λ_1, λ_2, die Amplituden a_1, a_2, die Schwingungszeiten T_1, T_2; ferner sei e der Gangunterschied beider Wellen, d. h. der Abstand zweier Punkte, die ihre Bewegung in demselben Augenblick beginnen. Alsdann ist die Elongation x eines Punktes, der von dem Ursprung der einen Welle den Abstand x_1, mithin von dem der anderen den Abstand $x_1 + e$ hat:

$$x = a_1 \cdot \sin 2\pi\left(\frac{t}{T_1} - \frac{x_1}{\lambda_1}\right) + a_2 \cdot \sin 2\pi\left(\frac{t}{T_2} - \frac{x_1 + e}{\lambda_2}\right).$$

Ist nun für beide Wellen $\lambda_1 = \lambda_2 = \lambda$, $T_1 = T_2 = T$, so gilt die Formel:

$$x = a_1 \cdot \sin 2\pi\left(\frac{t}{T} - \frac{x_1}{\lambda}\right) + a_2 \cdot \sin 2\pi\left(\frac{t}{T} - \frac{x_1 + e}{\lambda}\right).$$

Setzt man $\frac{2\pi x_1}{\lambda} = \beta_1$ und $\frac{2\pi(x_1 + e)}{\lambda} = \beta_2$, so erhält man:

$$x = a \sin\left(\frac{2\pi t}{T} - \beta\right)$$

mit
$$\tan\beta = \frac{a_1 \sin\beta_1 + a_2 \sin\beta_2}{a_1 \cos\beta_1 + a_2 \cos\beta_2}$$

und
$$a^2 = a_1^2 + a_2^2 + 2\,a_1 a_2 \cos(\beta_1 - \beta_2).$$

Ist außerdem $e = \frac{\lambda}{2} \cdot 2\,n$, so ergibt sich:

$$x = (a_1 + a_2) \sin 2\pi\left(\frac{t}{T} - \frac{x_1}{\lambda}\right),$$

d. h., bei einem Gangunterschied einer geraden Anzahl von halben Wellenlängen tritt Verstärkung ein.

Für $$e = \frac{\lambda}{2}(2n - 1)$$

ist $$x = (a_1 - a_2) \sin 2\pi \left(\frac{t}{T} - \frac{x_1}{\lambda}\right),$$

d. h., bei einem Gangunterschied einer ungeraden Anzahl von halben Wellenlängen tritt Abschwächung ein.

b) Zwei Wellen sollen gleiche Schwingungsdauer, gleiche Schwingungsweiten und senkrecht zueinanderstehende Schwingungsrichtungen bei einem Gangunterschied von $\lambda/4$ oder einer Phasendifferenz von $\pi/2$ haben. Dann gelten die Gleichungen:

$$x = a \cdot \sin 2\pi \left(\frac{t}{T} - \frac{x_1}{\lambda}\right)$$

und $$y = a \cdot \sin 2\pi \left(\frac{t}{T} - \frac{x_1 + \lambda/4}{\lambda}\right);$$

hieraus erhält man $x^2 + y^2 = a^2$; d. h., die Schwingungen erfolgen in einem Kreis.

IV. *Stehende Wellen.* Wir nehmen an, daß die längs einer Geraden reflektierten Wellen mit den ursprünglichen interferieren. Die gemeinsame Amplitude sei a, die gemeinsame Wellenlänge λ und die gemeinsame Schwingungsdauer T. Als Ausgangspunkt der Zählung wählen wir auf der Geraden einen Punkt A, der für beide Wellen die gleiche Ausweichung, nämlich $a \sin \frac{2\pi t}{T}$, und diese zur Zeit t hat. Zu einer Stelle B im Abstand x_1 von A gelangt die eine Welle τ Sekunden früher, die andere τ Sekunden später; mithin beträgt die Ausweichung des Punktes B:

$$x = a \sin \left(2\pi \cdot \frac{t - \tau}{T}\right) + a \sin \left(2\pi \cdot \frac{t + \tau}{T}\right)$$

$$= 2\,a \sin \frac{2\pi t}{T} \cos 2\pi \frac{x_1}{\lambda}.$$

Für $t = \frac{2n-1}{4} T$ erreichen alle Punkte die größte Schwingungsweite $x = 2\,a \cos 2\pi \frac{x_1}{\lambda}$. Mit: $\frac{\lambda}{T} = \frac{x_1}{\tau} = v$.

Für Punkte, bei denen $x_1 = \frac{2n}{4} \lambda$ ist, wird $x = 2\,a$. Die Punkte gehen durch die Gleichgewichtslage, wenn $t = \frac{2n}{4} T$ ist.

49. Wellenlehre II

a) *Dopplers Prinzip.* f ist die Schwingungszahl des Senders, f_1 die scheinbare Schwingungszahl, v die Geschwindigkeit der Wellen, v_1 die Geschwindigkeit des Beobachters im Fall 1, des Senders im Fall 2.

1. Der Beobachter bewegt sich

auf das / von dem { Wellenzentrum } zu / weg $\quad f_1 = f \pm \frac{v_1}{v} f$

2. Das Wellenzentrum bewegt sich

auf den / von dem { Beobachter } zu / weg $\quad f_1 = \frac{v}{v \mp v_1} f$

b) Unter *Resonanz* versteht man das Mitschwingen eines schwingungsfähigen Systems unter dem Einfluß eines Schwingungserregers. Vollkommene Resonanz tritt auf, wenn die Schwingungszahl des erregenden und des erregten Systems vollständig übereinstimmen.

c) Die Anzahl der *Schwebungen* in der Sekunde ist gleich der Differenz der Schwingungszahlen.

d) *Reflexion.* 1. Trifft die Welle auf ein dünneres Mittel, so erfolgt die Zurückwerfung ohne Phasenänderung.

2. Trifft die Welle auf ein dichteres Mittel, so erfolgt die Zurückwerfung derart, daß die entgegengesetzte Phase zurückläuft („es geht eine halbe Welle verloren“).

3. Bei stehenden Wellen befindet sich an der Grenze gegen das dichtere Mittel stets ein Schwingungsknoten, gegen das dünnere ein Schwingungsbauch.

e) *Brechung.* Geschwindigkeit im ersten Mittel v_1, im zweiten v_2, Brechungszahl $n = v_1/v_2$.

f) *Polarisation.* Eine Längswelle kann die Erscheinung der Polarisation nicht zeigen, nur eine Querwelle, bei der im polarisierten Zustand alle Teilchen in einer und derselben durch die Fortpflanzungsrichtung gelegten Ebene schwingen.

g) *Prinzip von Huygens*: In jeder Welle kann jeder Punkt als Mittelpunkt eines neuen Elementarwellensystems angesehen werden. Die aus den Elementarwellen resultierende Welle ist mit der sich einfach ausbreitenden ursprünglichen Welle identisch. (Bedeutung bei der Beugung, wenn Wellen durch einen im Vergleich zu ihrer Wellenlänge schmalen Spalt hindurchgehen.)

50. Schwingungszahl. Tonleiter

a) *Schall*: Mechanische Schwingungen und Wellen im Frequenzbereich des menschlichen Hörens (16 bis 20 000 Hertz). „Infraschall" unterhalb, „Ultraschall" oberhalb des menschlichen Hörbereichs.

b) *Merkmale eines Tons*: Höhe, Stärke, Klangfarbe. Die Höhe eines Tons wird gemessen durch die Frequenz, d. h. durch die Anzahl der Schwingungen in der Sekunde. Die Stärke des Tones ist proportional dem Quadrat der Amplitude. Die Klangfarbe ist bedingt durch den verschiedenen Zusatz von Oberschwingungen (Obertönen).

c) *Tonleiter.* Das Verhältnis der Schwingungszahlen zweier Töne heißt ihr Intervall. Bezeichnet man die Schwingungszahl des Grundtones mit f und ordnet man die Töne nach den Schwingungszahlen, so erhält man die diatonische Dur-Tonleiter:

Prime	Sekunde	Terz	Quarte	Quinte	Sexte	Septime	Oktave
c	d	e	f	g	a	h	$\bar{c}$
f,	$\frac{9}{8} f$,	$\frac{5}{4} f$,	$\frac{4}{3} f$,	$\frac{3}{2} f$,	$\frac{5}{3} f$,	$\frac{15}{8} f$,	$2 f$

Intervalle	$\frac{9}{8}$	$\frac{10}{9}$	$\frac{16}{15}$	$\frac{9}{8}$	$\frac{10}{9}$	$\frac{9}{8}$	$\frac{16}{15}$

Der aus Grundton, großer Terz und Quinte zusammengesetzte Klang heißt Dreiklang (Durakkord), für ihn gilt

$$f_1 : f_2 : f_3 : f_4 = 4 : 5 : 6 : 8\,,$$

wenn f_4 die Schwingungszahl der nächsthöheren Oktave bezeichnet.

Die Intervalle $\frac{9}{8}$ und $\frac{10}{9}$ heißen ganze Töne, das Intervall $\frac{16}{15}$ ist ein halber Ton.

d) *Gleichmäßig temperierte Stimmung*, bei welcher die Oktaven rein und alle Intervalle gleich sind. Nennen wir eines der Intervalle x, so ist:

$$x^{12} = 2;\ x = \sqrt[12]{2} = 1{,}05946.$$

e) Für das eingestrichene a, den *Kammerton* $\bar{a}$, ist $f = 440$ Hertz, also hat bei „reiner Stimmung" das zugehörige $\bar{c}$ die Schwingungszahl 264, bei „gleichmäßig temperierter Stimmung" 261,6 Hertz.

f) *Reihe der harmonischen Obertöne:*

$$f_1 : f_2 : f_3 : f_4 : f_5 = 1 : 2 : 3 : 4 : 5$$
$$= c : \bar{c} : \bar{g} : \bar{\bar{c}} : \bar{\bar{e}}$$

51. Tonquellen

a) *Querschwingungen von Saiten.* Bezeichnen wir mit l die Länge einer Saite, mit ϱ die Dichte des Saitenmaterials, mit F die sie spannende Kraft, mit A den Saitenquerschnitt (also mit $F/A = \sigma$ die Spannung, d. i. die Kraft je Querschnittseinheit), so ergibt sich für die Frequenz f der erzeugten Grundschwingung (die harmonischen Oberschwingungen sind ganzzahlige Vielfache hiervon):

$$f = \frac{1}{2\,l}\sqrt{\frac{F}{A\varrho}} = \frac{1}{2\,l}\sqrt{\frac{\sigma}{\varrho}}\,.$$

Man erhält f in Hz, wenn man (im CGS-System) l in cm, σ in dyn/cm^2 und ϱ in g/cm^3 einsetzt oder (im MKS-System) l in m, σ in N/m^2 und ϱ in kg/m^3 mißt. Im technischen Maßsystem hat man (mit $G = mg$, also $\gamma = \varrho g$) für $\varrho = \frac{\gamma}{g}$ zu setzen und erhält:

$f = \frac{1}{2l}\sqrt{\frac{gF}{A\gamma}}$ mit l in m, F/A in kp/m^2, γ in kp/m^3 und $g = 9{,}81 m/s$.

Dieses Gesetz gilt nur für durchaus homogene Saiten, nicht aber für Darmsaiten, die mit Metalldrähten übersponnen sind. Eine solche Behandlungsweise vermindert die Zahl der Schwingungen wesentlich.

b) *Längsschwingungen von Luftsäulen* (*Pfeifen*). Der tiefste Ton, den eine Pfeife gibt, ist ihr Grundton (Fig. 27). Bedeutet l die Länge der Pfeife und λ die Wellenlänge des Grundtons, so ist für die

offene Pfeife $l = \lambda/2$,

gedeckte Pfeife $l = \lambda/4$.

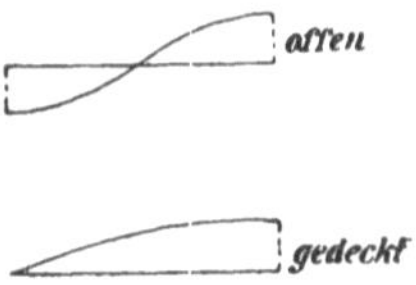

Fig. 27

Die Verteilung von Druck und Dichte in der Pfeife, ebenso die der Geschwindigkeit und des Ausschlags ist sinusförmig, dabei sind die Knoten der Druck- und Geschwindigkeitsverteilung gegeneinander um eine Viertelwellenlänge in der Rohrlängsrichtung verschoben. Durch die Koppelung von Anblasevorrichtung und Pfeifenrohr kommen vielgestaltige Abweichungen von den angeführten Grundschwingungen zustande.

Durch stärkeres Anblasen erhält man die Obertöne. Die offene Pfeife kann 1, 2, 3, ... n halbe Wellenlängen enthalten, die gedeckte hingegen 1, 3, 5, ... $(2n - 1)$ viertel Wellenlängen; also ist die Wellenlänge λ des Tones einer Pfeife von der Länge l, wenn sie

$$\text{offen ist: } \lambda = \frac{2}{1}l,\ \frac{2}{2}l,\ \frac{2}{3}l, \ldots \frac{2}{n}l,$$

$$\text{gedeckt ist: } \lambda = \frac{4}{1}l,\ \frac{4}{3}l,\ \frac{4}{5}l, \ldots \frac{4}{2n-1}l.$$

Bezeichnen wir mit v die Geschwindigkeit des Schalles, mit f die Frequenz eines Tones (d. h. seine Schwingungszahl je Sekunde), so kann f folgende Werte haben bei der

$$\text{offenen Pfeife: } f = \frac{v}{2l}, \frac{2v}{2l}, \frac{3v}{2l}, \ldots \frac{nv}{2l},$$

$$\text{gedeckten Pfeife: } f = \frac{v}{4l}, \frac{3v}{4l}, \frac{5v}{4l}, \ldots \frac{(2n-1)v}{4l};$$

es gibt sonach die offene Pfeife die ganze harmonische Tonreihe, die gedeckte nur die ungeraden Obertöne.

Die Wellenlängen der Töne gleicher Frequenz in Gasen verhalten sich umgekehrt wie die Quadratwurzeln aus den Molekulargewichten der Gase.

c) *Schwingungen von Stäben.* Dieselben Formeln wie bei Luftsäulen gelten auch für Stäbe, die in der Mitte festgeklemmt und in Längsschwingungen versetzt bzw. die an einem Ende festgeklemmt und in Querschwingungen versetzt werden.

52. Ausbreitung des Schalles. Schallgeschwindigkeit

a) Die Stärke des Schalles in einem gewissen Punkt des Raumes ist dem Quadrat der Entfernung vom Erregungsmittelpunkt umgekehrt proportional. Gehen die Schallwellen von einem Mittel in ein anderes über, so erfahren sie eine teilweise Reflexion; treffen sie aber auf ein starres Hindernis, so werden sie fast vollständig zurückgeworfen. Die Senkrechte im Treffpunkt auf der Grenzfläche der beiden Medien heißt Einfallslot, der Winkel des einfallenden Schallstrahles mit dem Einfallslot Einfallswinkel und der Winkel zwischen Einfallslot und dem zurückgeworfenen Strahl Reflexionswinkel.

Reflexionsgesetz: Das Einfallslot, der einfallende und ausfallende Strahl liegen in einer Ebene; der Einfallswinkel ist gleich dem Reflexionswinkel.

b) Bedeutet p den Druck, ϱ die Dichte des Gases, k das Verhältnis $c_p : c_v$ (Nr. 44), so ist die Schallgeschwindigkeit nach Laplace:

$$v = \sqrt{k \frac{p}{\varrho}} .$$

Geschwindigkeit des Schalls in Luft von der Temperatur t in °C:

$$v = v_0 \sqrt{1 + \beta t} ,$$

wenn v_0 die Geschwindigkeit des Schalls in Luft bei 0 °C und 760 mm Hg ist und der Druck konstant ist. $v_0 = 331{,}30$ m/s. Geschwindigkeit des Schalls in festen und flüssigen Körpern:

$$v = \sqrt{\frac{E}{\varrho}} .$$

Im CGS-System, bei dem E den Elastizitätsmodul in dyn/cm² und ϱ die Dichte in g/cm³ bedeuten, erhält man v in cm/s. Im MKS-System hat man E in N/m² und ϱ in kg/m³ zu messen; v ergibt sich dann in m/s. Im technischen Maßsystem muß man E in kp/m² und $\varrho = \frac{\gamma}{g}$ (Nr. 51) in kp s/m⁴ angeben; dann erhält man v ebenfalls in m/s.

c) *Methode der Kundtschen Staubfiguren.* Ein Stab wird in der Mitte festgeklemmt und in Längsschwingungen versetzt. Ist die Schwingungszahl der Luftsäule, die in dem Glasrohr mit dem Korkpulver eingeschlossen ist, dieselbe wie die des Stabes, so verhält sich

$$v : v_1 = l : l_1 ,$$

wobei v die Schallgeschwindigkeit in dem Material des Stabes, v_1 die Schallgeschwindigkeit in Luft, l die Länge des Stabes, l_1 den Abstand zweier unmittelbar benachbarter Knotenpunkte des Pulvers bedeuten. Füllt man in das Glasrohr ein Gas, in dem die Knotenpunkte sich in den Abständen l_2 ausbilden, so ist die Schallgeschwindigkeit v_2 in diesem Gas durch die Proportion $v_2 : v_1 = l_2 : l_1$ gegeben.

VII. Kapitel. Geometrische Optik

53. Reflexion des Lichtes an ebenen Flächen

Treffen Lichtstrahlen auf die glatte Grenzfläche zweier Medien, so findet in der Regel eine Teilung des Lichtes statt, indem ein Teil zurückgeworfen, ein anderer gebrochen oder auch absorbiert wird. Eine Fläche, welche das Licht regelmäßig reflektiert, heißt Spiegel. Um den Gesetzen der regulären Zurückwerfung des Lichtes einen kurzen Ausdruck verleihen zu können, erklären wir: Unter dem Einfallslot versteht man die im Treffpunkt des Lichtstrahles mit der Grenzfläche auf dieser errichtete Senkrechte, unter Einfallswinkel bzw. Ausfallswinkel den vom Einfallslot einerseits und dem einfallenden bzw. ausfallenden Strahl andererseits gebildeten Winkel. Die Richtung des reflektierten Strahles wird alsdann durch folgende zwei Beziehungen festgelegt:

a) Der Einfallswinkel ist gleich dem Reflexionxwinkel.

b) Das Einfallslot, der einfallende und der reflektierte Strahl liegen in einer Ebene. (Vgl. damit Nr. 52.)

Hieraus folgt noch: Wird bei unveränderlicher Richtung des einfallenden Strahls die Spiegelfläche um den Winkel α gedreht, so erfährt der reflektierte Strahl in demselben Sinn eine Drehung um den Winkel 2α.

Ebenso bewirkt bei festgehaltenem Gegenstand eine Verschiebung des ebenen oder Planspiegels senkrecht zu seiner Ebene um die Strecke a eine Verschiebung des Bildes um $2a$.

Das Bild befindet sich ebensoweit hinter dem Spiegel wie der Gegenstand davor. Die Verbindungslinie Gegenstand—Bild steht auf der Spiegelebene senkrecht. Gegenstand und Bild sind demnach in bezug auf die Spiegelebene symmetrisch, und die von einem Planspiegel erzeugten Bilder sind außerhalb des Auges nicht vorhanden, sie sind scheinbar, virtuell.

54. Kugel- oder sphärische Spiegel

I. *Konkavspiegel* (*Hohlspiegel*). a) Sieht man von den Randstrahlen ab, betrachtet man mithin nur die sogenannten

Zentralstrahlen, so werden alle von einem leuchtenden Punkt ausgehenden Strahlen vom Hohlspiegel so reflektiert, daß sie wieder durch einen Punkt gehen oder wenigstens von einem Punkt herzukommen scheinen. Die Bilder der Hohlspiegel können daher sowohl wirkliche als auch scheinbare sein. Der Vereinigungspunkt der parallel mit der Hauptachse auffallenden Zentralstrahlen wird Brennpunkt genannt, und dessen Entfernung vom Spiegel heißt Brennweite. Den Abstand eines Gegenstandes und seines Bildes von dem Spiegel bezeichnet man als Gegenstands- bzw. Bildweite.

b) Unter der Voraussetzung, daß die Strahlen nur unter kleinem Winkel zur optischen Achse auf den Spiegel fallen, gilt:

$$\frac{1}{g} + \frac{1}{b} = \frac{1}{f}$$

$$f = r/2$$

$$B : G = b : g\,,$$

wobei g die Gegenstandsweite, b die Bildweite, f die Brennweite, r den Krümmungshalbmesser, B die Bildgröße, G die Gegenstandsgröße bedeuten. Ferner ist:

$$xy = f^2,$$

wenn x bzw. y die vom Brennpunkt aus gemessene Gegenstandsweite bzw. Bildweite ist.

c) Hohlspiegel geben wirkliche oder scheinbare Bilder, je nachdem der Gegenstand außerhalb oder innerhalb der Brennweite liegt, die dem halben Krümmungshalbmesser gleichkommt. Die wirklichen Bilder sind stets umgekehrt, und zwar vergrößert, verkleinert oder gleich groß, je nachdem der Gegenstand innerhalb, außerhalb oder in der doppelten Brennweite liegt. Die scheinbaren Bilder sind stets aufrecht und vergrößert. Für $g = f$ gibt es kein Bild (vgl. folgende Tabelle).

Gegenstandsweite	Bildweite	Art und Stellung des Bildes	Größe des Bildes, verglichen mit der des Gegenstandes
∞	f	–	punktförmig
$< \infty$ $> 2f$	$> f$ $< 2f$	wirklich, umgekehrt	kleiner
$2f$	$2f$	wirklich, umgekehrt	gleich groß
$< 2f$ $> f$	$> 2f$ $< \infty$	wirklich, umgekehrt	größer
f	∞	–	–
$< f$	negativ	scheinbar, aufrecht	größer

e) *Konstruktion der Bilder* (Fig. 28). Unter den vielen Strahlen, die von dem Endpunkte A des Gegenstandes $\overline{AB}$ ausgehen, gibt es zwei, AD und AM, deren Richtungen nach der Reflexion am Spiegel S bekannt sind. Der eine zur Hauptachse parallele Zentralstrahl AD geht nach der Zurückwerfung durch den Brennpunkt F; der andere Strahl AM ist ein Hauptstrahl, er trifft die Spiegelfläche rechtwinklig und wird in sich selbst reflektiert. In dem Schnittpunkt A_1 der beiden zurückgeworfenen Strahlen treffen sich auch alle übrigen von A ausgehenden und vom Spiegel reflektierten Strahlen; es ist also A_1 das Bild von A. Hat der Spiegel eine kleine Öffnung, so ist das Bild einer zur Achse senkrechten Strecke $\overline{AB}$ wieder eine Strecke, die man als das von A_1 auf $\overline{CM}$ gefällte Lot $\overline{A_1B_1}$ erhält. Die Art und Größe des Bildes von einem Gegenstand hängt von dessen Entfernung vom Spiegel ab.

II. *Konvexspiegel (erhabene oder Wölbspiegel).* Die parallel zur Hauptachse einfallenden Zentralstrahlen divergieren nach der Reflexion in der Art, daß ihre Verlängerungen einen bestimmten Punkt der Hauptachse – hinter dem Spiegel – zu treffen scheinen. Dieser gedachte Vereinigungspunkt heißt geometrischer oder negativer Brennpunkt oder auch Zerstreuungspunkt, seine Entfernung vom Spiegel Zerstreuungsweite. Durch erhabene Kugelspiegel entstehen nur scheinbare, aufrechte, verkleinerte Bilder zwischen Zerstreuungspunkt und Spiegel.

f ist hierbei die Zerstreuungsweite.

Gleichung: $\frac{1}{g} + \frac{1}{b} = -\frac{1}{f}$;

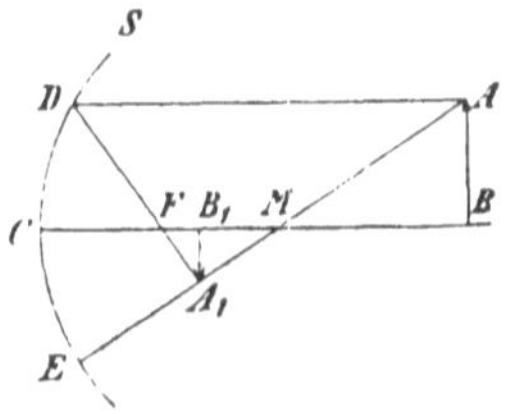

Fig. 28

55. Brechung des Lichtes

Die Ablenkung, welche Lichtstrahlen beim Übergang aus einem optischen Mittel in ein anderes erfahren, heißt Brechung. Die im Treffpunkt auf der Trennungsfläche errichtete Senkrechte wird Einfallslot genannt, und die spitzen Winkel zwischen diesem Lot und dem einfallenden bzw. gebrochenen Strahl führen die Namen Einfallswinkel bzw. Brechungswinkel. Das Brechungsgesetz von Snellius heißt:

a) Der einfallende und der gebrochene Strahl liegen mit dem Einfallslot in einer Ebene;

b) der Sinus des Einfallswinkels steht zu dem Sinus des Brechungswinkels für jedes Paar von Medien in einem konstanten Verhältnis, das nur von der Natur der Medien abhängt und Brechungszahl heißt.

Bezeichnet man den Einfallswinkel mit α, den Brechungswinkel mit β, die Brechungszahl mit n und die Geschwindigkeit des Lichtes in den beiden Medien mit v und v_1, so gilt:

$$n = \frac{\sin\alpha}{\sin\beta} = \frac{v}{v_1}.$$

Für den Übergang des Lichtes von Luft in Wasser ist $n \approx \frac{4}{3}$, von Luft in Glas $\approx \frac{3}{2}$, von Luft in Diamant $\approx \frac{5}{2}$.

Beziehen sich die Zahlen 1, 2, 3 auf die Medien des leeren Raumes, der Luft und des Wassers, so ist:

$$n_{2,3} = \frac{n_{1,3}}{n_{1,2}} \, .$$

Fallen die Strahlen senkrecht zur Grenzfläche auf, dann ist $\alpha = 0°$ und damit auch $\beta = 0°$; d.h., die Strahlen erfahren keine Ablenkung. Beim Übertritt vom optisch dünneren in das optisch dichtere Mittel werden die Strahlen zum Einfallslot hin, im anderen Falle davon weg gebrochen.

Im dichteren Mittel ist die Geschwindigkeit des Lichtes kleiner als im optisch dünneren.

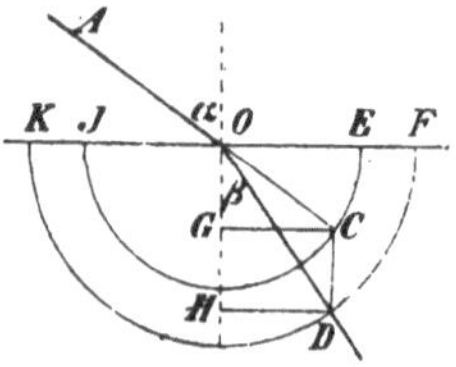

Fig. 29

Ist n die Brechungszahl beim Übergang vom Mittel A nach dem Mittel B, so ist $1/n$ diejenige für den Übertritt aus dem Mittel B nach A; der Lichtstrahl macht sonach den Weg umgekehrt (Gesetz von der Umkehrbarkeit des Lichtweges).

Konstruktion des gebrochenen Strahles. Geht der Lichtstrahl AO (Fig. 29) aus dem dünneren in das dichtere Mittel über, so beschreibe man um O in dem dichteren Mittel in der Brechungsebene zwei Halbkreise mit den Halbmessern $r = \overline{OE}$ und $n \cdot r = \overline{OF}$. Nun verlängere man $\overline{AO}$ bis zum Schnitt C mit dem kleineren Halbkreis und ziehe durch C die Parallele zum Einfallslot, welche den äußeren Halbkreis in D schneidet. Die geradlinige Verbindung $\overline{OD}$ gibt dann die Richtung des gebrochenen Strahles an.

Bemerkung 1. Die Konstruktion für den Fall des Überganges aus dem dichteren in das dünnere Mittel ist der eben angegebenen analog.

Bemerkung 2. Ist die trennende Fläche, hier KOF, eben, so gelangt die Schwingungsbewegung von A nach D auf einem Weg, der die geringste Zeit beansprucht.

Grenzwinkel der Totalreflexion:

$$\sin\varphi = 1/n;$$

er ist der erzeugende Winkel einer Kegelfläche, innerhalb welcher die gebrochenen aller derjenigen Strahlen liegen, die die Grenzfläche in einem und demselben Punkte treffen. Daher werden alle Lichtstrahlen, die von einem dichteren Mittel ausgehen und ein dünneres unter einem größeren Einfallswinkel als dem Grenzwinkel treffen, in das erstere, dichtere Mittel ohne merklichen Verlust zurückgeworfen: totale Reflexion.

Durch *planparallele*, durchsichtige *Platten* wird ein Lichtstrahl aus seiner Richtung nicht abgelenkt, sondern nur verschoben.

Ist $\overline{AG} = d$ die Dicke des Mediums, n die Brechungszahl von M nach M_1, so ist die Verschiebung (Fig. 30):

$$\overline{CE} = d \sin\alpha \left(1 - \frac{\cos\alpha}{\sqrt{n^2 - \sin^2\alpha}}\right).$$

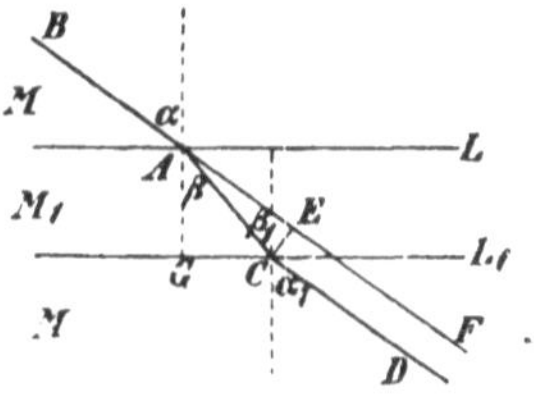

Fig. 30.

56. Prisma

Der Gang eines einfarbigen Lichtstrahls im Hauptschnitt eines Prismas läßt sich mit der Snellschen Konstruktion leicht verfolgen. In der Fig. 31 sei JAK derjenige Hauptschnitt des Prismas, in welchem sich der Lichtstrahl $BCDE$ bewegt. Wir zeichnen nun um den beliebigen Punkt O zwei Kreise P und Q mit den Halbmessern r und $r \cdot n$ (n ist die Brechungszahl) und

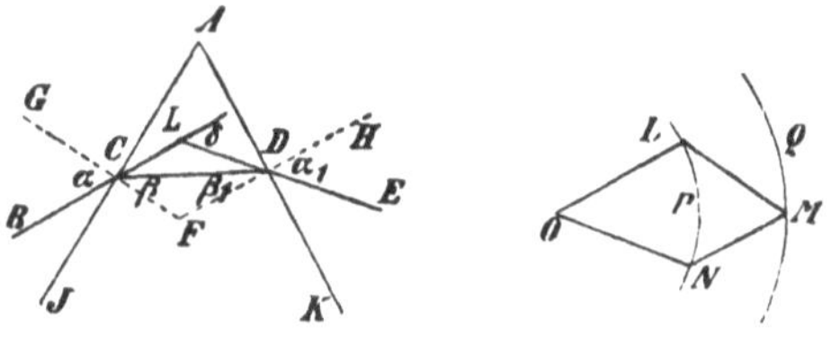

Fig. 31.

legen in den ersten den Halbmesser $\overline{OL}$ parallel dem auffallenden Strahl BC, dann zeichnen wir durch L die Parallele zu dem ersten Einfallslot $\overline{GC}$, welche den Kreis Q in M schneidet. Nun ist $\overline{OM}$ die Richtung des sich im Prisma bewegenden Strahles $\overline{CD}$. Hierauf legen wir durch M die Parallele zu dem zweiten Einfallslot $\overline{HD}$ und verbinden ihren Schnittpunkt N auf dem Kreise P mit dem Mittelpunkt O. Die Strecke $\overline{ON}$ bezeichnet die Richtung des austretenden Strahles DE.

Ablenkung. Der spitze Winkel δ, welchen die verlängerten Strahlen BC und ED bei ihrem Treffpunkte L bilden, heißt die Ablenkung des Prismas. Um letztere zu ermitteln, soll $\sphericalangle BCG$ mit α, $\sphericalangle FCD$ mit β, $\sphericalangle FDC$ mit β_1, $\sphericalangle EDH$ mit α_1, $\sphericalangle JAK$ mit γ und die Brechungszahl mit n bezeichnet sein. Es ist:

$$\delta = \alpha + \alpha_1 - \gamma$$

$$\gamma = \beta + \beta_1$$

Das Minimum der Ablenkung δ_0 tritt ein, wenn der Lichtstrahl symmetrisch durch den Hauptschnitt hindurchgeht. Für diesen Fall ergibt sich:

$$\alpha = \alpha_1,\ \beta = \beta_1 \text{ und}$$

$$n = \frac{\sin\frac{\gamma + \delta_0}{2}}{\sin\frac{\gamma}{2}}\ .$$

Für kleine Winkel gilt die einfachere Formel:

$$\delta_0 = (n - 1)\gamma$$

57. Brechung durch Linsen

A. Die angeführten Formeln gelten unter der Annahme, daß die Dicke der Linsen vernachlässigt werden darf, daß der leuchtende Punkt auf der Hauptachse liegt und daß die Entfernungen eines Vereinigungspunktes (Gegenstands- oder Bildpunktes) von allen Punkten der betreffenden Linsenfläche als gleich groß genommen werden dürfen. Ferner bezeichnen wir mit g die Gegenstandsweite, mit b die Bildweite, mit f die Brennweite, mit r_1 und r_2 die Halbmesser der beiden sphärischen Flächen und mit n die Brechungszahl.

I. Sammellinsen (*Konvexlinsen*). Linsengleichung:

$$\frac{1}{g} + \frac{1}{b} = (n - 1) \cdot \left(\frac{1}{r_1} + \frac{1}{r_2}\right).$$

Setzt man

$$(n - 1) \cdot \left(\frac{1}{r_1} + \frac{1}{r_2}\right) = \frac{1}{f},$$

so gilt die Beziehung:

$$\frac{1}{g} + \frac{1}{b} = \frac{1}{f}$$

Wird hierin $g = \infty$, so wird $f = b$; d. h.: Die der Hauptachse parallelen Strahlen vereinigen sich hinter der Linse in einem Punkt, der Brennpunkt heißt; f ist die Brennweite.

Ferner (vgl. Nr. 54):

$$B : G = b : g$$

$$xy = f^2$$

Zusammenfassendes Ergebnis: Sammellinsen geben wirkliche oder scheinbare Bilder, je nachdem der Gegenstand außerhalb oder innerhalb der Brennweite liegt. Die wirklichen Bilder sind stets umgekehrt, und zwar vergrößert, verkleinert oder gleich groß, je nachdem der Gegenstand innerhalb oder außerhalb oder gerade in der doppelten Brennweite liegt. Die scheinbaren Bilder sind stets aufrecht und vergrößert. Für $g = f$ gibt es kein Bild. Vgl. die folgende Tabelle.

Konstruktion der Bilder (Fig. 32). Hat der Punkt A keine axiale Lage, aber doch nur einen so geringen Abstand von der Hauptachse, daß die Nebenachse AC einen kleinen Winkel mit jener bildet, so darf man die oben abgeleiteten Resultate, ohne einen bedeutenden Fehler zu machen, zur Konstruktion von Bildern benutzen, welche eine Sammellinse von einem

Gegenstand liefert. Zur Bestimmung der Lage und Größe des Bildes $\overline{A_1B_1}$ von dem Objekt $\overline{AB}$ verfolgen wir den Verlauf zweier von A ausgehenden Strahlen, wovon der eine AD parallel zur Hauptachse einfällt, der andere AC durch den optischen Mittelpunkt geht. Ersterer nimmt nach der Brechung seinen Weg durch den Brennpunkt, während letzterer in seiner eigenen Richtung weiter geht. Der Schnittpunkt A_1 ist das Bild von A und $\overline{A_1B_1}$ dasjenige von $\overline{AB}$.

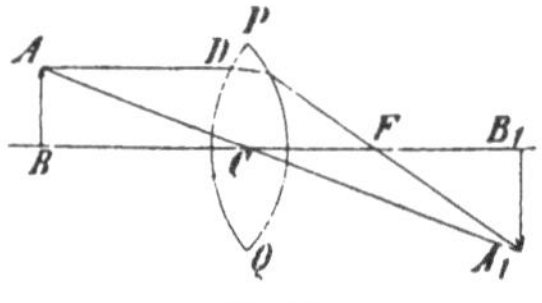

Fig. 32

Die auffallenden Strahlen sind	g	b	Des Bildes		
			Art	Stellung	relative Größe
divergent	$< \infty$ $> 2f$	$> f$ $< 2f$	wirklich	verkehrt	kleiner
	$= 2f$	$= 2f$	wirklich	verkehrt	gleich groß
	$< 2f$ $> f$	$> 2f$ $< \infty$	wirklich	verkehrt	größer
	$= f$	$= \infty$	kein Bild	—	—
	$< f$	negativ	scheinbar	aufrecht	größer
konvergent	negativ	positiv $< f$	wirklich	aufrecht	kleiner
parallel	$= \infty$	$= f$	wirklich	—	punktförmig

II. Zerstreuungslinsen (Konkavlinsen). Dioptrie.

a) Linsengleichung wie in *I.* In Zahlenwertaufgaben müssen f und b negativ genommen werden. Bei der Konstruktion der Bilder liegt der scheinbare Brennpunkt auf der selben Seite wie der Gegenstand. $D = 1/f$ heißt Brechkraft der Linse, sie wird in Dioptrien (dptr) gemessen, wenn f in Meter angegeben wird. (dptr $= 1\ \text{m}^{-1}$).

b) Für ein System aus einer Konvex- und einer Konkavlinse in unmittelbarer Folge gilt:

$$\frac{1}{f} = \frac{1}{f_1} + \frac{1}{f_2}$$

c) Für mehrere Linsen in unmittelbarer Folge gilt:

$$\frac{1}{f} = \frac{1}{f_1} + \frac{1}{f_2} + \frac{1}{f_3} + \cdots$$

58. Optische Instrumente

A. *Elementare Formeln.* a) Scheinbare Größe oder Sehwinkel $= \frac{\text{wirkliche Größe}}{\text{Gegenstandsweite}}$; Vergrößerung des optischen Instrumentes $= \frac{\text{scheinbare Größe mit Instrument}}{\text{scheinbare Größe ohne Instrument}}$.

b) Lupe. Befindet sich die Lupe unmittelbar am Auge und wird der Gegenstand mit größter Akkommodation betrachtet, so ist die Vergrößerung

$$v = 1 + \frac{s}{f},$$

bei akkommodationsfreier Anwendung

$$v = s/f,$$

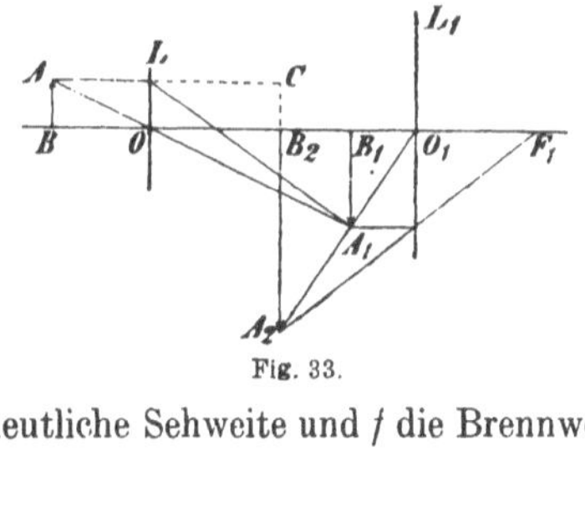

Fig. 33.

wobei s die deutliche Sehweite und f die Brennweite bedeuten.

c) Mikroskop. Der Gegenstand $\overline{AB}$ befindet sich nahe bei einer Sammellinse L (Objektiv) von kleiner Brennweite, etwas jenseits des Brennpunktes. Sein wirkliches, vergrößertes Bild $\overline{A_1B_1}$ wird durch eine Konvexlinse L_1 (Okular) betrachtet, welche als Lupe wirkt. Dadurch entsteht ein scheinbares, umgekehrtes Bild $\overline{A_2B_2}$ in der deutlichen Sehweite s. Unter der Vergrößerung v verstehen wir das Verhältnis der Tangens der Sehwinkel in der deutlichen Sehweite. Mithin ist unter Zugrundelegung der Fig. 33 (Linsen L und L_1 schematisch):

$$v = \frac{\tan \sphericalangle A_2O_1B_2}{\tan \sphericalangle B_2O_1C} = \frac{\overline{A_2B_2}}{\overline{B_2C}} = \frac{\overline{A_2B_2}}{\overline{AB}}$$

Bezeichnet ferner Δ den Abstand der einander zugewandten Brennpunkte, f die Brennweite des Objektivs, f' die Brennweite des Okulars, s die deutliche Sehweite, so ist die Vergrößerung:

$$v = s\Delta / ff'$$

Grenze des Auflösungsvermögens:

$$d = \frac{\lambda}{n \sin u},$$

λ ist die Wellenlänge des verwendeten Lichts, d die kleinste Streifenbreite, $n \sin u$ die numerische Apertur, u der Winkelabstand des ersten Maximums von dem Beleuchtungsbüschel (s. Nr. 62), n Brechungszahl der Immersion, ohne Immersion $n = 1$. (Bei einem Immersionssystem befindet sich — im Gegensatz zum Trockensystem — zwischen der Frontlinse des Objektivs und dem Präparat bzw. Deckglas eine Flüssigkeit, z. B. Wasser, Zedernholzöl, Monobromnaphthalin).

d) Das astronomische Fernrohr. Von dem entfernten Gegenstand $\overline{AB}$ wird durch die Objektivlinse L (Fig. 34, Linsen schematisch gezeichnet) ein umgekehrtes, verkleinertes, wirkliches Bild in der Nähe des Brennpunktes F der Sammellinse L entworfen. Dieses erscheint, durch die als Lupe wirkende Okularlinse L_1 betrachtet, in $\overline{A_2B_2}$ vergrößert. Bei großer Gegenstandsweite ist der Brennpunkt F des Objektivs auch der des Okulars, womit das Fernrohr die Länge $(f + f_1)$ erhält (f die Brennweite des Objektivs, f_1 die des Okulars). Die Vergrößerung ist $f : f_1$, die Objektivlinse muß also eine große, die Okularlinse eine kleine Brennweite haben.

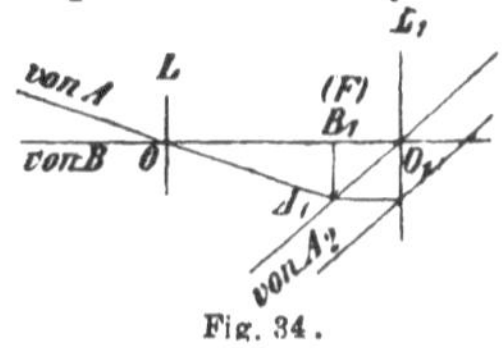

Fig. 34.

Bezeichnen γ bzw. δ den gegenstands- bzw. bildseitigen Gesichtsfeldwinkel und hat die Blendenöffnung den Halbmesser r, so ist:

$$\tan \gamma = r/f \qquad \tan \delta = -\, r/f_1.$$

e) Das terrestrische Fernrohr. Zwischen dem Objektiv L_1 und dem Okular L_2 wird noch eine dritte Konvexlinse L_3, die Umkehrlinse, eingeschaltet. Die von dem weit entfernten Objektpunkt A ausgehenden Strahlen fallen nahezu parallel auf die Linse L_1 und werden von ihr in dem reellen Bildpunkt A_1 vereinigt. Von hier aus gehen sie divergent weiter bis zur Umkehrlinse L_3, welche die Strahlen wieder in dem wirklichen Bilde A_2 sammelt. Dann treffen die Strahlen in ihrem weiteren Verlauf auf das Okular L_2 und verlassen dieses parallel, um ins Auge zu gelangen. Liegt die Linse L_3 in der Mitte zwischen A_1 und A_2, so ist $\overline{A_1A_2}$ die vierfache Brennweite f_3 der Umkehrlinse. Sind außerdem f_1 und f_2 die Brennweiten von Objektiv und Okular, so ist die Länge des Fernrohrs:

$$l = f_1 + f_2 + 4\, f_3.$$

f) Das Galileische Fernrohr (Fig. 35). Zwischen das konvexe Objektiv L mit der Brennweite f und die Stelle $\overline{A_1B_1}$, wohin das wirkliche Bild des Gegenstandes $\overline{AB}$ fallen würde, schiebt

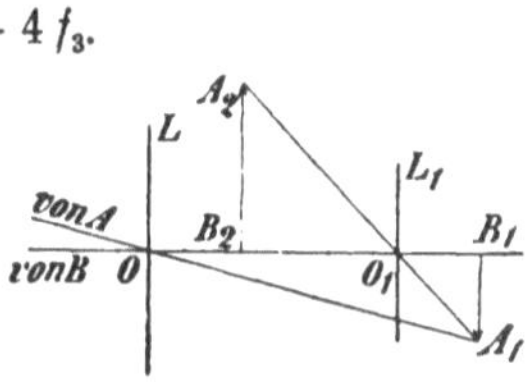

Fig. 35.

man als Okular L_1 eine Konkavlinse ein. Letztere wird so eingeordnet, daß ihre Entfernung von jenem Bilde etwas größer als die Zerstreuungsweite f_1 ist, wodurch alle nach einem Punkte A_1 des Bildes $\overline{A_1B_1}$ konvergierenden Strahlen durch das Okular so gebrochen werden, als ob sie von einem Punkte A_2 vor der Linse herkämen. Durch Verschiebung des Okulars kann man das scheinbare Bild $\overline{A_2B_2}$ in die deutliche Sehweite bringen. Die Länge des Fernrohres ist nahezu

$$l = f - f_1 ,$$

und die Vergrößerung ist

$$v = f/f_1 .$$

VIII. Kapitel. Optische Strahlung. Strahlungsgesetze

59. Photometrie

I. *Einheiten.* a) Ist Q derjenige Teil der Lichtmenge, der in der Zeit t von einer punktförmigen Lichtquelle in den Raumwinkel Ω ausgestrahlt wird (wegen Ω siehe Nr. 2f) und der nur dem sichtbaren Spektralbereich angehört, so gilt:

$$Q = I \cdot \Omega \cdot t.$$

Der Proportionalitätsfaktor I heißt die Lichtstärke der Lichtquelle. Ihre Einheit ist 1 cd (Candela). Diese ist so definiert, daß 1 cm² der Oberfläche eines Hohlraumstrahlers (schwarzer Körper) bei der Temperatur 2042 °K (d. i. der Erstarrungspunkt reinen Platins) in der Flächennormalenrichtung mit der Lichtstärke 60 cd strahlt.

b) Der von der Lichtquelle in den Raumwinkel Ω ausgehende Lichtstrom Φ ist:

$$\Phi = I \cdot \Omega.$$

Die Einheit des Lichtstromes ist 1 lm (Lumen) und es ist 1 lm = 1 cd · 1 sterad = 1 cd sterad. Damit wird die Einheit der Lichtmenge 1 lmh (Lumenstunde).

c) Der Quotient der senkrecht auf eine Fläche A fallende Lichtstrom Φ und dieser Fläche heißt Beleuchtungsstärke E.

$$E = \frac{\Phi}{A;} ; \; \Phi = E A.$$

Einheit der Beleuchtungsstärke ist 1 lx (Lux). Sie liegt dann vor, wenn der Lichtstrom 1 lm gleichmäßig verteilt senkrecht auf die Fläche von 1 m² fällt. Also:

$$1 \text{ lx} = 1 \text{ lm/m}^2.$$

d) Der Quotient aus der Lichtstärke I und der Projektion A_1 der leuchtenden Fläche A auf eine zur Strahlungsrichtung senkrechten Ebene heißt Leuchtdichte oder Flächenhelligkeit L. Es ist:

$$L = I/A_1; \; I = L\,A_1.$$

Einheit der Leuchtdichte L ist 1 sb (Stilb), so daß 1 sb = 1 cd/cm² ist. Zusammenfassung in der Tabelle.

Größe	Symbol	Einheit
Lichtstärke	I	cd (Candela)
Lichtstrom	Φ	lm = 1 cd sterad (Lumen)
Lichtmenge	Q	lmh = 1 cd sterad h
Leuchtdichte	L	1 sb = 1 cd/cm² (Stilb)
Beleuchtungsstärke	E	1 lx = 1 lm/m² (Lux)

II. Die Lambertschen Kosinus-Gesetze. Die Beleuchtungsstärke E einer zum auffallenden Lichtstrom Φ geneigten Fläche A ist

$$E = \frac{\Phi \cos \alpha}{A}.$$

Für eine punktförmige Lichtquelle mit der Lichtstärke I gilt:

$$E = \frac{I \cos \alpha}{r^2}$$

(1. Lambertsches Kosinus-Gesetz. Fig. 36).

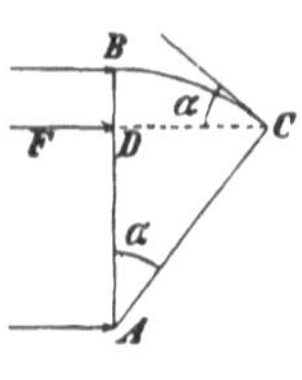

Fig. 36

Eine weiße Fläche erscheint erfahrungsgemäß einem Beobachter in allen Richtungen gleich hell. Daher ist, wenn I_0 die Lichtstärke in Richtung der Flächennormalen, I die Lichtstärke in einer gegen die Flächennormalen um den Winkel β geneigten Richtung bedeuten,

$$I = I_0 \cos \beta.$$

Der in diese Richtung ausgehende Lichtstrom Φ ist daher proportional zum $\cos \beta$. (2. Lambertsches-Kosinus-Gesetz). Die Beleuchtungsstärke einer gegen diesen Lichtstrom Φ um den Winkel α geneigten Fläche A in der Entfernung r von der Lichtquelle ist:

$$E = \frac{I_0 \cos \alpha \cos \beta}{r^2}.$$

Ist $\alpha = \beta = 0°$, so gilt: $E_1 : E_2 = r_2^2 : r_1^2$, wenn E_1 und E_2 die Beleuchtungsstärken in den Entfernungen r_1 und r_2 von der Lichtquelle sind.

III. Photometerprinzip. Sind I_1 und I_2 die Lichtstärken zweier gleichfarbiger Lichtquellen in den Entfernungen r_1 und r_2 von einem beleuchteten Schirm, so besteht für den Fall, daß beide Lichtquellen dieselbe Beleuchtungsstärke hervorrufen, folgende Beziehung:

$$I_1 : I_2 = r_1^2 : r_2^2.$$

60. Strahlungsgesetze

I. Jeder Körper sendet auf Grund seiner Temperatur in den ihn umgebenden Raum eine Strahlung aus, deren Frequenzen zwischen 10^{12} Hz und 10^{14} Hz liegen. Diese Wärmestrahlung gehört zu den elektromagnetischen Wellen. Trifft eine Wärmestrahlung auf einen Körper, so können die drei Fälle eintreten:

a) Die Strahlung wird teilweise durchgelassen. Der Transmissionsgrad oder die Durchlässigkeit τ ist das Verhältnis der durchgelassenen Strömung Φ_{tr} zu der aufgetroffenen Strahlung Φ_0.

$$\tau = \Phi_{tr}/\Phi_0.$$

b) Die Strahlung wird teilweise absorbiert, d. h. vom Körper verschluckt und in Wärme umgewandelt. Das Absorptionsvermögen α ist der Quotient aus der absorbierten Strahlung Φ_a zu der aufgetroffenen Strahlung Φ_0.

$$\alpha = \Phi_a/\Phi_0.$$

c) Die Strahlung wird teilweise reflektiert. Das Reflexionsvermögen ϱ ist der Quotient aus der reflektierten Strahlung Φ_r zu der aufgetroffenen Strahlung Φ_0.

$$\varrho = \Phi_r/\Phi_0.$$

Bemerkungen: 1) Die Größen c, α, ϱ sind vom Stoff und von der Frequenz der Strahlung abhängig. 2) Für absolut schwarze Körper ist stets $\alpha = 1$. 3) Für die gesamte Strahlung gilt:

$$\tau + \alpha + \varrho = 1.$$

d) Für die von der strahlenden Fläche A in der Zeit t in den Halbraum ($\Omega = 2\pi$ sterad) emittierte Strahlung Φ_e ist durch die Gleichung bestimmt:

$$\Phi_e = \beta \cdot A \cdot t$$

β ist das Emissionsvermögen. β wird in kcal/m²s angegeben. Bemerkung: Die von der Sonne ausgehende Strahlung trifft nur zu einem geringen Teil die Erdoberfläche. Bei senkrechtem Einfall der Strahlung wird diese durch die Solarkonstante $\gamma = 2$ cal/cm² min $= 0{,}33$ kcal/m² s bestimmt.

II. Das Kirchhoffsche Strahlungsgesetz. Bei gleicher Temperatur strahlen weiße und glatte Flächen schlecht, schwarze und rauhe dagegen gut. Ist P die Strahlungsleistung eines beliebigen Körpers, α das Absorptionsvermögen des Körpers, P_s die Strahlungsleistung des schwarzen Körpers bei gleicher Temperatur, so gilt:

$$P = \alpha P_s.$$

III. Das Stefan-Boltzmannsche Strahlungsgesetz. Die gesamte Strahlungsleistung P_s des schwarzen Körpers ist der strahlenden Fläche A und der vierten Potenz der absoluten Temperatur T proportional. Der Proportionalitätsfaktor heißt Stefan-Boltzmann-Konstante σ und mit ihr wird:

$$P_s = \sigma A T^4,$$

mit $\sigma = 2\pi^5 k^4/15\, c^2 h^3 = 1{,}355 \cdot 10^{-12}$ cal cm^{-2} s^{-1} °K^{-4}.

e) Das Wiensche Verschiebungsgesetz. Das Maximum der Energieverteilungskurve eines schwarzen Körpers wird für eine Wellenlänge λ_m erreicht, für die gilt:

$$\lambda_m T = 0{,}2898 \text{ cm °K}.$$

61. Lichtgeschwindigkeit. Spektrum

I. Die Lichtgeschwindigkeit im Vakuum wurde durch astronomische und terrestrische Beobachtung zu etwa 300 000 km in der Sekunde bestimmt. Genauer: $c = (2{,}997\,92 \pm 0{,}000\,03)$ 10^5 km/s für alle Frequenzen ν.

II. Beim Übergang des Lichtes von einem Medium (1) in ein Medium (2) ändert sich nicht die Frequenz ν des Lichtes und damit auch nicht die Farbe. Da aber in jedem Medium $v = \nu\lambda$ gilt, folgt für die Wellenlängen und Geschwindigkeiten die Proportion:

$$\lambda_1 : \lambda_2 = v_1 : v_2.$$

Die Wellenlängen der gleichen Farbe sind proportional den Geschwindigkeiten.

III. Für zwei verschiedene Medien (1) und (2) gilt für die Berechnungszahl n die Beziehung $n = v_1/v_2$, wobei v_1 und v_2 wiederum die Geschwindigkeiten in den beiden Medien sind. Der Weg des Lichtstrahles verläuft stets so, daß er ein Minimum an Zeit zur Erreichung des Zieles braucht (Prinzip von Fermat).

IV. *Spektrum.*

a) Reihenfolge der sog. 7 Regenbogenfarben: Rot (am schwächsten brechbar; größte Wellenlänge; kleinste Frequenz), Orange, Gelb, Grün, Blau, Indigo, Violett (am stärksten brechbar; kleinste Wellenlänge; größte Frequenz). Alle diese Farben vereinigen sich zu Weiß. Komplementär sind zwei Farben, wenn sie sich zu Weiß vereinigen.

b) Ein kontinuierliches Spektrum enthält Licht jeder Brechbarkeit (Wellenlänge). Ein Linienspektrum enthält nur Licht bestimmter Brechbarkeit (Wellenlänge); dabei ist es gleichgültig, ob nur eine oder viele Linien auftreten.

c) Weißglühende feste oder flüssige Körper senden ein kontinuierliches Spektrum aus, glühende Gase und Dämpfe ein Linienspektrum.

d) Eine Lichtquelle zeigt ein Emissionsspektrum, wenn ihre Strahlung direkt, ohne Zwischenschaltung absorbierender Stoffe, zur Untersuchung gelangt. Ein Absorptionsspektrum tritt auf, wenn die Strahlung erst nach Durchlaufen absorbierender Medien spektral zerlegt wird.

e) Stokessche Regel: Soll eine fluoreszierende Substanz zum Leuchten gebracht werden, so muß sie im allgemeinen mit Licht größerer Frequenz, d. h. kleinerer Wellenlänge bestrahlt werden, als sie selbst aussendet.

f) Das ultrarote (infrarote) Gebiet des Spektrums ist besonders durch seine Wärmewirkung, das ultraviolette Gebiet durch seine chemische Wirkung ausgezeichnet.

62. Wellenlängenmessung

I. *Kohärentes Licht.* Interferenz-, Beugungs- und Polarisationserscheinungen des einfarbigen (monochromatischen) und des mehrfarbigen Lichtes beweisen überzeugend die Wellennatur des Lichtes. Die Versuchsanordnungen gestatten gleichzeitig eine bequeme Bestimmung der Wellenlänge des Lichtes. Nur solches Licht zeigt jedoch Interferenzen und Beugungen, das die Kohärenzbedingungen erfüllt:

a) Die von der Lichtquelle ausgehenden Wellenzüge endlicher Länge müssen sich am Beobachtungsort treffen. b) Die Lichtquelle sendet Licht gleicher Frequenz aus. c) Die Lichtwellen müssen am Beobachtungsort stets in gleicher Phase sein, bzw. die Phasendifferenz invariant bleiben.

II. *a) Fresnelscher Spiegelversuch:*

$$\lambda = s d / a.$$

s ist der Abstand der zwei symmetrisch zum mittleren hellen Streifen gelegenen dunklen Interferenzstreifen, d der Abstand der beiden virtuellen Lichtquellen, a der Abstand Spalt — Schirm (angenähert).

b) *Interferenzfarben* (Newtonsche Farbenringe):

$$\lambda = \frac{a_n^2}{r \cdot n};$$

n ist die Ordnungszahl des dunklen Ringes vom Halbmesser a_n, r der Halbmesser der Kugelfläche, welche die Plankonvexlinse begrenzt.

c) *Beugung am schmalen Schirm*:

$$\lambda = sd/a,$$

d ist die Breite des Schirmes, s und a wie unter a.

d) *Beugung am schmalen Spalt*:

$$\lambda = b \sin \alpha \qquad \tan \alpha = x/a,$$

x ist der Abstand des ersten dunklen Streifens von der Mittelrichtung, b die Spaltbreite, a der Abstand Spalt—Schirm.

e) *Beugung am Gitter* wie bei d, doch bedeutet hier x den Abstand des ersten Beugungsmaximums von dem nullten, b die Gitterkonstante, d. i. der Abstand zweier unmittelbar aufeinanderfolgender gleichartiger Punkte.

Für das n-te Maximum gilt:

$$n\lambda = b \sin \alpha,$$

wenn α der Winkel zwischen dem nullten und dem n-ten Beugungsmaximum ist.

63. Polarisation. Doppelbrechung

a) Die Lichtausbreitung erfolgt durch Querschwingungen des elektromagnetischen Feldes.

b) In einem natürlichen Lichtstrahl erfolgt die Schwingung dauernd in wechselnder Richtung. In einem polarisierten Lichtstrahl erfolgen die Schwingungen immer in derselben Richtung. Die Polarisationsebene ist die Ebene, senkrecht zu der die elektrische Schwingung erfolgt und in der die magnetische Schwingung vor sich geht (vgl. Nr. 83).

c) *Gesetz von Brewster.* Der Polarisationswinkel einer brechenden Substanz ist der Winkel, dessen Tangens gleich der Brechungszahl der Substanz ist.

d) Beim Durchgang durch ein Kalkspatrhomboeder treten zwei Strahlen auf: Doppelbrechung. Der „ordentliche Strahl" pflanzt sich bei senkrechtem Auffall geradlinig fort, der „außerordentliche Strahl" wird trotz senkrechten Auffallens abgelenkt.

e) In isotropen Medien pflanzt sich das Licht in Kugelwellen fort, in anisotropen (Kristallen) sind die Wellenflächen Rotationsellipsoide. Die kugelförmig sich ausbreitende Lichterregung entspricht dem ordentlichen, die elliptische dem außerordentlichen Strahl.

f) Bei parallelen Nikols ist das Gesichtsfeld hell, bei gekreuzten dunkel. Durch Quarz und Zuckerlösung wird die Polarisationsebene gedreht, im letzteren Fall ist die Drehung proportional der Länge des die Zuckerlösung enthaltenden Rohres und proportional dem Konzentrationsgrad.

g) Kerreffekt: Einige Stoffe (z. B. Glas und Nitrobenzol) werden in kräftigen elektrischen Feldern doppelbrechend; die dabei entstehenden Lichtstrahlen sind senkrecht zu einander polarisiert.

IX. Kapitel. Elektrizität und Magnetismus

64. Elektrisches Feld

I. *Feldstärke, Ladung.* Das elektrische Feld ist ein besonderer, erfahrungsmäßig festgestellter Zustand des Raumes; er stellt das Gebiet dar, in dem ein elektrischer Zustand nachweisbar ist. Durch jeden Raumpunkt geht genau eine Feldlinie. Diese bringt die Vorzugsrichtung zum Ausdruck, die ein Raumteilchen im elektrischen Feld von einem ohne elektrisches Feld unterscheidet. Bringt man in dieses Feld eine „Probeladung Q", so greift an diese eine elektrische Kraft F an, deren Richtung tangential zu der Feldlinie verläuft, die durch die Probeladung geht. Der Quotient aus dieser Kraft F und der Ladung Q heißt elektrische Feldstärke E in diesem Punkt. Formelmäßig:

$$\text{skalar: } E = \frac{F}{Q}\text{ ; vektoriell: } \boldsymbol{E} = \frac{\boldsymbol{F}}{Q}.$$

Die Richtung von E stimmt mit der von F überein. Feldlinien beginnen in statischen Feldern (zeitlich unveränderlich) in positiven Ladungen und enden in negativen Ladungen (Quellen und Senken). Im praktischen MKSA-System ist die Einheit der Ladung 1 C (Coulomb) und Grundeinheit. Die Ladung 1 C scheidet bei der Elektrolyse einer wässrigen $AgNO_3$-Lösung (Silbernitrat) 1,118 mg Silber ab.

Bemerkung 1: Die kleinste Ladungsmenge, die es in der Natur gibt, heißt Elementarladung e. Es ist: 1 C $= 6{,}2 \cdot 10^{18}$ Elementarladungen. Jedes Positron besitzt eine positive, jedes Elektron eine negative Elementarladung.

Damit wird im MKSA-System die Einheit der elektrischen Feldstärke E: 1 N/C = 1 kg m/s² C = 1 V/m (Volt/Meter, vgl. Nr. 66). Die Einheit 1 N/C der elektrischen Feldstärke liegt dann vor, wenn auf eine Ladung 1 C die Kraft 1 N ausgeübt wird. dim $E = \mathsf{MLT^{-2}\,Q^{-1}}$.

II. *Stromstärke.* a) Da für einen Gleichstrom die Stromstärke I der Quotient aus der durch einen beliebigen Leiterquerschnitt A hindurchfließenden Ladung Q und der Zeit t ist, gilt:

$$I = Q/t;\ Q = I\,t;\ t = Q/I.$$

Die Einheit der Stromstärke I ist 1 A (Ampere) im MKSA-System. 1 A = 1 C/s; 1 C = 1 As (Amperesekunde); dim $I = \mathsf{QT^{-1}} = \mathsf{I}$. Ein zeitlich unveränderlicher Strom I hat die Stärke 1 A, wenn er aus einer $AgNO_3$-Lösung in einer Sekunde 1,118 mg Silber abscheidet.

Bemerkung 2: Fließt ein Strom I durch zwei lange, gerade, unendlich dünne, parallele Leiter, deren Abstand immer 1 m ist, und üben diese je 1 m Leiterlänge die Kraft $2 \cdot 10^{-7}$ N aufeinander aus, dann beträgt die Stromstärke 1 A. Internationale Definition der Stromstärkeneinheit.

b) Der Quotient aus der Stromstärke I und der Fläche A heißt Stromdichte J. Einheit der Stromdichte ist im MKSA-System:

$$1\ \mathrm{A/m^2} = 1\ \mathrm{C/m^2 s};\ \dim J = \mathsf{JL^{-2}}.$$

Bemerkung 3: Die Stromdichte J ist eine gerichtete Größe, also ein Vektor.

III. *Formen des elektrischen Feldes.* α) Homogenes Feld zwischen 2 parallelen Platten. Ein Feld ist homogen, wenn die Feldlinien unter sich parallel und in gleichen Abständen verlaufen (Fig. 37).

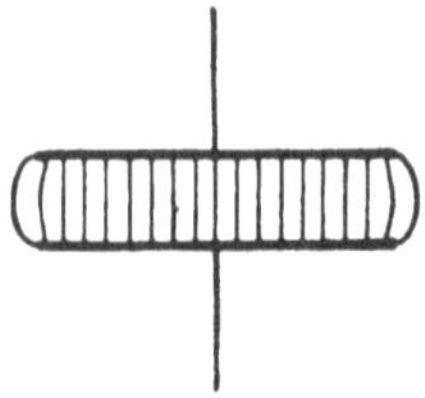

Fig. 37.

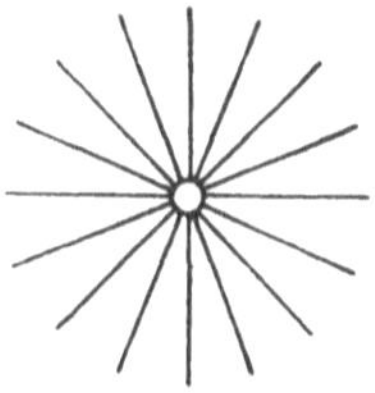

Fig. 38.

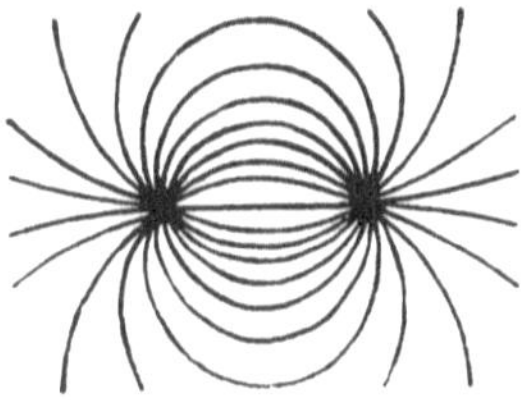

Fig. 39.

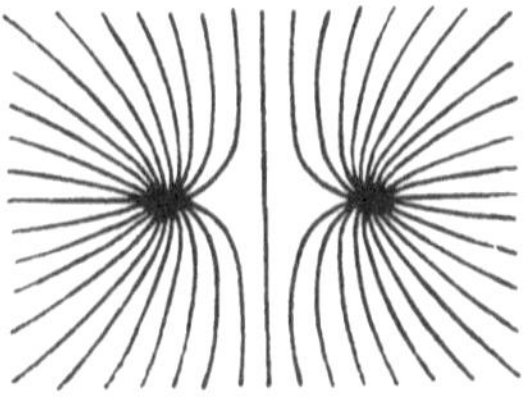

Fig. 40.

β) Radialsymmetrisches Feld (Fig. 38).

γ) Feld zweier ungleichnamiger Ladungen (Fig. 39).

δ) Feld zweier gleichnamiger Ladungen (Fig. 40).

IV. *Feldzerfall.* Verbindet man etwa im Fall α die beiden Platten, nachdem zwischen ihnen ein elektrisches Feld hergestellt ist, durch irgend eine Substanz, so zerfällt das Feld nach einer gewissen Zeit. Ist diese Zeit praktisch sehr kurz, so ist die Substanz ein Leiter, bei sehr langen Zeiten ein Isolator, für Zwischenwerte ein Halbleiter.

Während das elektrische Feld und die Enden seiner Feldlinien verschwinden, fließt durch den Leiter eine kurze Zeit ein „elektrischer Strom“. Der während des Fließens der Elektrizität angezeigte Stoßausschlag des Galvanometers hängt nur von der „Zeitsumme des elektrischen Stromes“ ab, solange die Flußzeit des Stromes klein gegen die Schwingungsdauer des Galvanometers ist. Bezeichnet I die Stromstärke, d.i.

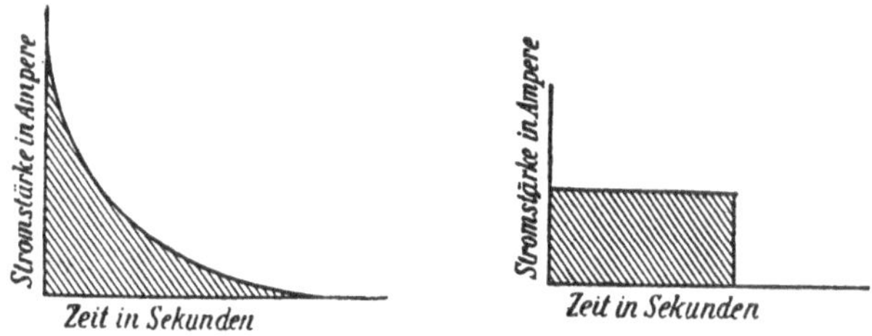

Fig. 41 a u. b.

die in der Sekunde durch den Querschnitt geflossene Elektrizitätsmenge, und ist dt die Bezeichnung für eine sehr kleine Zeitspanne, so heißt der Ausdruck $\int I\,dt$ die „Zeitsumme des Stromes“. Ist der Strom I während der Zeit t konstant, so ist die Zeitsumme gegeben durch It. (Fig. 41 a und b). Die Zeitsumme wird in Amperesekunden oder Coulomb gemessen.

65. Eigenschaften der Ladung

I. Die elektrische Ladungsmenge ist ebenso übertragbar und teilbar wie die materielle Substanz. Der Sitz der ruhenden Ladung ist die (äußere) Oberfläche (Oberflächenladung). Eine Ladung kann aber auch in Isolatoren und in Gasen räumlich verteilt sein (Raumladungen). Im elektrisch neutralen Zustand ist die Zahl der positiven und negativen Ladungen gleich. Gleichnamige Ladungen stoßen sich ab, ungleichnamige ziehen sich an.

II. *Elektrische Influenz.* Bringt man in die Nähe eines elektrischen Körpers einen unelektrischen, so wird dieser selbst elektrisch, und zwar derart, daß das benachbarte Ende ungleichnamig, das entfernte gleichnamig elektrisch wird. Die influenzierten Ladungsmengen entgegengesetzten Vorzeichens sind gleich groß. Die gleichnamige Elektrizität läßt sich zur Erde ableiten.

Aus der Influenz ergibt sich, daß schon jeder elektrisch neutrale Körper Elektrizitätsatome enthält. „Ein Körper ist negativ geladen“ bedeutet also: Im Körper befinden sich mehr negative Elektrizitätsteilchen als im Normalzustand, in dem er gleich viel negative und positive Elektrizitätsteilchen enthält.

III. Unter der dielektrischen Verschiebung „D_0“ im Vakuum versteht man einen dem Vektor E gleichgerichteten Vektor, dessen Betrag die in einer leitenden Fläche A influenzierten Oberflächenladungen Q_i angibt, wenn die Fläche A im elektrischen Feld E so orientiert ist, daß die maximale Influenzwirkung erreicht wird. Es ist also demnach gleichzeitig:

$$D_0 = \frac{Q_i}{A} \text{ und } D_0 = \varepsilon_0 E.$$

Die Einheit der dielektrischen Verschiebung ist 1 C/m^2 und ist mit der Einheit der Flächenladungsdichte (Ladung dividiert durch Fläche) identisch. Die Influenzkonstante oder absolute Dielektrizitätskonstante ε_0 wird im MKSA-System:

$$\varepsilon_0 = 8{,}859 \cdot 10^{-12}\, C/Vm = 8{,}859 \cdot 10^{-12}\, C^2/Nm^2 \text{ (vgl. Nr. 66).}$$

66. Potential. Spannung

I. *Potential.* Jede Verschiebung einer Ladung Q im elektrischen Feld ist mit Gewinn oder Verlust an Arbeit W verbunden. Unter dem elektrischen Potential Φ in irgendeinem „Aufpunkt“ P bezüglich eines beliebig gewählten, aber dann festgehaltenen Nullpunktes 0 versteht man den Quotienten aus der Arbeit W, die gegen die Feldkraft verrichtet werden muß, um die positive Probeladung Q vom Punkt 0 zum Aufpunkt P zu transportieren, und der Ladung Q.

$$\Phi = \frac{W}{Q}$$

Bemerkung 1: Der Bezugspunkt 0 ist für räumlich verteilte Punktladungen der unendliche ferne Punkt, in der Elektrodynamik die Erde.

Bemerkung 2: Flächen gleichen Potentials heißen Äquipotentialflächen. Bei Verschiebung von Probeladungen in diesen Flächen wird keine Arbeit verrichtet oder frei. Die Arbeit wird maximal, wenn man die Ladung längs der Flächennormalen verschiebt (senkrecht zu den Äquipotentialflächen).

II. *Spannung*. Sind Φ_2 und Φ_1 die Potentiale für zwei Punkte P_2 und P_1, so gibt die Potentialdifferenz die Spannung U zwischen diesen beiden Punkten an.

$$U = \Phi_2 - \Phi_1$$

Potentialeinheit ist $1\ \mathrm{Nm/C^2} = 1\ J/\mathrm{C}$; dim $\Phi = \mathsf{ML^2T^{-2}Q^{-1}}$ im MKSA-System.

Spannungseinheit ist 1 V (Volt) = 1 J/C; dim U = dim Φ im MKSA-System.

Die Spannungseinheit 1 V liegt zwischen zwei Punkten P_1 und P_2, wenn die Arbeit 1 Joule verrichtet werden muß, um die positive Ladung 1 C vom Punkte P_1 zum Punkte P_2 zu transportieren. Diese Spannungseinheit wird praktisch hergestellt durch den 1,018 65-ten Teil der Spannung, die zwischen dem positiven und negativen Pol eines Westonschen Cadmium-Normalelements bei 20 °C liegt, unter der Voraussetzung, daß dieses Element unbelastet ist.

Bemerkung 3: In einem homogenen elektrischen Feld der Stärke E (etwa zwischen den Platten eines Plattenkondensators) ist die Arbeit bei Verschiebung der Ladung Q vom Punkt P_1 nach P_2.

$$\Delta A = EQ\,\Delta s.$$

Die Potentialdifferenzierung oder die Spannung U zwischen diesen beiden Punkten wird dann:

$$\Delta A/Q = E\,\Delta s.$$

Sind die Feldstärken E_1, E_2, $E_3, \ldots$ eines inhomogenen Feldes längs der Linienelemente Δs_1, Δs_2, Δs_3, ... konstant, so sind die längs dieser Strecken fallenden Teilspannungen $\Delta U_1 = (E_1\,\Delta s_1)$; $\Delta U_2 = (E_2\,\Delta s_2)$; $\Delta U_3 = (E_3\,\Delta s_3)$; .... Die gesamte Spannung ist also:

$$\Delta U = (E_1\,\Delta s_1) + (E_2\,\Delta s_2) + (E_3\Delta s_3) + \cdots + (E_n\,\Delta s_n) = \sum_{i=1}^{n}(E_i\,\Delta s_i).$$

Allgemein wird:

$$U_{2,1} = \int_{P_1}^{P_2} \boldsymbol{E} \cdot \mathrm{d}\boldsymbol{s},$$

d. h. die Spannung zwischen den beiden Punkten P_1 und P_2 eines elektrischen Feldes, ist das über das skalare Produkt der Feldstärke E und dem Lininenelement ds genommene Linienintegral. In zeitlich konstanten elektrischen Feldern ist dieses Linienintegral vom Weg unabhängig.

67. Kapazität und Kondensator

Jede Zusammenstellung zweier leitender Körper, zwischen denen ein elektrisches Feld herrscht oder hergestellt werden kann, heißt ein Kondensator. Einfachster Fall: Plattenkondensator (Fig. 37); ferner zwei benachbarte Kugeln oder Drähte; ein Draht und die Erde; eine isoliert aufgestellte Metallfläche und die Zimmerwandung; Meßwerk und Gehäuse eines Voltmeters. Für jeden Kondensator, der auf die Spannung U aufgeladen ist, gilt:

$$Q = C \cdot U;$$

dabei ist Q die negative Ladung der einen Kondensatorfläche oder die gleich große positive auf der andern. Der Proportionalitätsfaktor C ist das Fassungsvermögen oder die Kapazität des Kondensators; C wird in Coulomb/Volt (= A s/V) oder kurz in Farad (F) gemessen. $C = Q/U$ kennzeichnet die Anzahl von Coulomb, die der Kondensator bei $U = 1$ Volt Spannung aufspeichert.

1 Farad (1 F) = 1 Coulomb/Volt = 1 A s/V

1 Mikrofarad (1 μF) = 10^{-6} F

1 Nanofarad (1 nF) = 10^{-9} F

1 Picofarad (1 pF) = 10^{-12} F

Die relative Dielektrizitätskonstante ε_r gibt an, wieviel mal so groß die Kapazität eines Kondensators ist, zwischen dessen Platten sich ein beliebiger Isolator (Dielektrikum) befindet, als bei einem kongruenten Luftkondensator.

Einzelfälle. a) Kugelkondensator mit dem Radius r (zweite Begrenzung sind die verhältnismäßig fernen Zimmerwände):

$$\text{Feldstärke } E = \frac{1}{\varepsilon_0}\frac{Q}{4\pi r^2} \qquad \text{Kapazität } C = 4\pi\,\varepsilon_0\, r.$$

b) Kugelkondensator mit dem kleineren Radius r_1 und dem größeren Radius r_2:

$$C = 4\pi\,\varepsilon_0 \frac{r_1 r_2}{r_2 - r_1},$$

c) Plattenkondensator. Ist A die Oberfläche der einen Kondensatorplatte, d der Abstand der Platten und U die Spannung, so gilt für einen Luftkondensator:

Elektrische Feldstärke $E = U/d$; Kapazität $C = \varepsilon_0 A/d$. Dagegen erhält man für einen Kondensator mit einem Dielektrikum von der relativen Dielektrizitätskonstanten ε_r:

Elektrische Feldstärke $E = U/d$; Kapazität $C = \varepsilon_0 \varepsilon_r A/d$.

Wegen ε_0 siehe Nr. 65. Besteht der Kondensator insgesamt aus n gleichen Platten, so sind die Werte von C noch mit

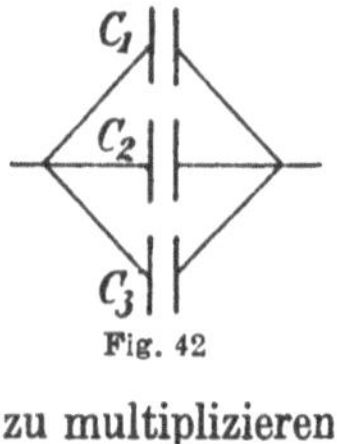

Fig. 42

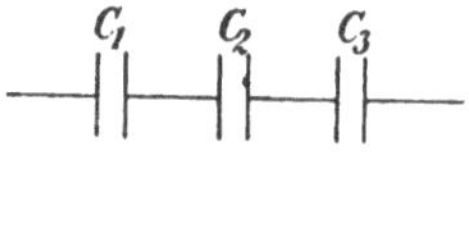

Fig. 43.

$n - 1$ zu multiplizieren. Sind C_1, C_2, C_3 die Einzelkapazitäten dreier Kondensatoren und werden diese parallel geschaltet (Fig. 42), so ist die Gesamtkapazität:

$$C = C_1 + C_2 + C_3,$$

bei Hintereinanderschaltung (Fig. 43) dagegen:

$$\frac{1}{C} = \frac{1}{C_1} + \frac{1}{C_2} + \frac{1}{C_3}.$$

68. Kräfte und Arbeit im elektrischen Feld

I. Die von der Feldstärke E auf die Ladung Q ausgeübte Kraft F ist von der Größe:

$$F = Q \cdot E.$$

II. Die Anziehungskraft der beiden parallelen Platten eines Kondensators hat den Betrag:

$$F = \frac{\varepsilon_0 E^2 A}{2} = \frac{\varepsilon_0 A U^2}{2d^2}.$$

III. Die Kraft mit der zwei Ladungen Q_1 und Q_2 in der Entfernung r sich anziehen oder abstoßen, ist vom Betrag:

$$F = \frac{1}{4\pi \varepsilon_0} \cdot \frac{Q_1 Q_2}{r^2} \text{ (Coulombsches Gesetz).}$$

IV. Der vom eigenen Feld auf eine geladene Kugeloberfläche ausgeübte Zug ist (r Kugelradius)

$$\sigma = \frac{\varepsilon_0 U^2}{d^2} \left(in \ \frac{\mathrm{N}}{\mathrm{m}^2} \right).$$

Die Kugeloberfläche wird durch den Zug ebenso gespannt, als ob im Kugelinneren ein Überdruck herrschen würde.

V. Bewegt ein elektrisches Feld die Ladung Q längs eines beliebigen Weges und bezeichnet U die Spannung zwischen Anfang und Ende dieses Weges, so ist die vom Feld verrichtete Arbeit:
$W = QU$ (in Voltamperesekunden oder Wattsekunden, wobei 1 Ws = 1 J = 1 Nm = 10^7 erg $\mathrel{\hat{=}}$ 0,239 cal $\mathrel{\hat{=}}$ 0,102 kpm und 1 kWh = $3{,}6 \cdot 10^6$ Ws $\mathrel{\hat{=}}$ 860 kcal gilt).

VI. Die elektrische Energie eines Kondensators mit der Spannung U in Volt und der Ladung Q in Coulomb ist:
$W = 1/2\, QU = 1/2\, CU^2 = 1/2\, Q^2/C$ (in Ws).

VII. Die Energie eines elektrischen Feldes im Volumen V in m^3 und der Feldstärke E in V/m beträgt:

$$W = 1/2\ \varepsilon_0 E^2 V \text{ (in Ws)}$$

und damit wird die Energiedichte w, d. i. der Quotient aus Energie und Volumen,

$$w = 1/2\ \varepsilon_0 E^2 \text{ (in Ws/m}^3\text{)}.$$

Bemerkung: Diese Formeln gelten nur für das Vakuum. In einem Dielektrikum ist ε_0 durch $\varepsilon_0 \varepsilon_r$ zu ersetzen.

69. Das elektrische Feld von Punktladungen

I. Das *Gesetz von Coulomb* (1785). Der Betrag F, welche zwei punktförmige Ladungen Q_1 und Q_2 in der Entfernung r aufeinander ausüben, ist gegeben durch:

$$F = \frac{1}{4\pi\ \varepsilon_r \varepsilon_0} \cdot \frac{Q_1 \cdot Q_2}{r^2} .$$

Haben Q_1 und Q_2 gleiches Vorzeichen, so findet Abstoßung, bei ungleichen Vorzeichen Anziehung statt. $\varepsilon_0 = 8{,}859 \cdot 10^{-12} C^2$ Nm² ist die Influenzkonstante und ε_r die relative Dielektrizitätskonstante. Letztere gibt an, um wieviel sich die Kraft verkleinert, wenn die Punktladungen in ein Dielektrikum eingebettet werden (vgl. Nr. 65 und 67).

Bemerkung 1: Im elektrostatischen Maßsystem (kurz ES-System), das häufig und namentlich in der theoretischen Physik und in der Atomphysik Anwendung findet, wird auf Grund des Coulombschen Gesetzes die Ladung Q zu einer aus den drei mechanischen Grundgrößen abgeleitete Größe. Man ersetzt ε_0 durch $1/4\pi$ und da $\varepsilon_r = 1$ im Vakuum ist, folgt damit:

$$F = \frac{Q_1 \cdot Q_2}{r^2} .$$

Die Einheit der Ladung wird 1 e. st. L. E. (elektrische Ladungseinheit). Sie ist diejenige Ladung, die auf eine gleich große Ladung in der Entfernung 1 cm die Kraft 1 dyn ausübt. Für die Umrechnung gilt: 1 As $\triangleq$ 1 C $= 3 \cdot 10^9$ e. st. L. E. Im ES-System wird dim $Q = \mathsf{L}^{3/2}\ \mathsf{M}^{1/2} \mathsf{T}^{-1}$.

Bemerkung 2: Man bekommt rein formal aus den bekannten Gleichungen, die dem MKSA-System zugrunde liegen, diejenigen im ES-System, wenn man dort ε_0 durch $1/4\pi$ ersetzt und dann die Größen in den Einheiten des ES-Systems mißt.

II. Das Potential Φ des Feldes einer Punktladung Q mit der Feldstärke $E = Q/4\pi\ \varepsilon_r \varepsilon_0\ r^2$ gibt die Arbeit an, die aufgewendet werden muß, um die positive Ladungseinheit 1 C gegen die abstoßende Kraft des Feldes E aus dem Unendlichen bis zur Entfernung r der Punktladung Q zu bringen. Es ist:

$$\Phi = \frac{Q}{4\pi\,\varepsilon_r\,\varepsilon_0\,r}\,.$$

Bemerkung 3: Es wird dim $\Phi = \mathsf{L}^{1/2}\,\mathsf{M}^{1/2}\mathsf{T}^{-1}$ im Es-System. Zwischen zwei Punkten P_1 und P_2 herrscht im ES-System die Einheit des Potentialunterschiedes oder die Spannungseinheit, wenn die Verschiebung der e. st. L. E. von dem einen Punkt zum anderen die Arbeit 1 erg erfordert oder liefert. Für die Umrechnung gilt:

300 V $\triangleq$ 1 e. st. Sp. E.

X. Kapitel. Das magnetische Feld

70. Magnetisches Feld

I. *Begriff des Feldes* wie in Nr. 64 a, jedoch haben die magnetischen Feldlinien weder Anfang noch Ende, sondern sie sind stets geschlossene Kurven, es gibt also auch keine Magnetismusatome und keine magnetischen Mengen oder Ladungen, die den elektrischen Ladungen vergleichbar sind. Magnetische Felder treten auf bei Stahlmagneten und bei stromdurchflossenen Leitern: Strom und Magnetfeld sind untrennbar verknüpft. Sobald in dem Leiter ein Strom fließt, ist um den Leiter herum ein Magnetfeld vorhanden. Die Austrittsstellen der Feldlinien aus den Enden der Magnetstäbe oder der stromdurchflossenen Spulen nennen wir Pole; Nordpol ist das gegen Norden weisende Ende einer frei beweglich aufgehängten Magnetnadel oder stromdurchflossenen Spule. Der Nordpol ist die Quelle, der Südpol die Senke der Feldlinien.

II. *Formen des magnetischen Feldes.* α) Die magnetischen Kraftlinien eines von einem Strom I durchflossenen geradlinigen Leiters verlaufen als konzentrische Kreise um diesen Leiter, und zwar in Ebenen, die zum Leiter senkrecht stehen. Die Richtung der Kraftlinien ist durch den Drehsinn eines Korkziehers festgelegt, wenn die Bohrrichtung mit der Stromrichtung übereinstimmt.

β) Das Feld einer langen gestreckten Spule ist im Innern praktisch homogen, die Feldlinien laufen der Achse der Spule parallel.

γ) Das Feld einer geschlossenen Ringspule besteht aus Feldlinien, die eine Schar konzentrischer Kreise zwischen den Wicklungen der Ringspule bilden. (Der Mittelpunkt der Kreise liegt im Ringmittelpunkt.)

δ) Das Feld zweier ungleichnamiger bzw. gleichnamiger Pole entspricht den Figuren 39 und 40.

ε) Das Feld eines Hufeisenmagneten ist zwischen den Schenkeln ziemlich homogen.

71. Ausmessung des magnetischen Feldes

I. Bezeichnen I die Stromstärke, w die Windungszahl und l die Länge einer Spule, so ist die magnetische Feldstärke H im Inneren einer langen stromdurchflossenen Spule proportional der Stromstärke I und der Windungszahl w und umgekehrt proportional der Länge der Spule l.

$$H = f \cdot \frac{I w}{l} \cdot$$

Im MKSA-System verfügt man über den Proportionalitätsfaktor f derart, daß dort die Einheit der magnetischen Feldstärke 1 A/m wird. Man erreicht dies dadurch,, daß man $f = 1$ setzt. Die Einheit der magnetischen Feldstärke wird eine aus den zwei Grundgrößen, nämlich die Stromstärke und die Länge, abgeleitete Einheit. Diese liegt dann vor, wenn in einer 1 m langen Spule mit einer Windung ein Strom von 1 A fließt.

II. *Durchflutungsgesetz.* (1. Maxwellsche Gleichung). Das über eine geschlossene Kurve K genommene Linienintegral der magnetischen Feldstärke $\boldsymbol{H}$ (d. i. die magnetische Randspannung) ist gleich dem Flächenintegral der Stromdichte $\boldsymbol{J}$ über die von der Kurve eingeschlossenen Fläche A. In Formeln:

$$\oint \boldsymbol{H} \cdot d\mathbf{s} = \int \boldsymbol{J} d\boldsymbol{A} = \int J_n \, dA.$$

J_n ist die in Richtung der Flächennormalen genommene Komponente der Stromdichte J.

72. Kräfte im magnetischen Feld

I. Benützt man die Fiktion der magnetischen Menge als einer Stelle, in der die gesamte Wirkung eines Magnetpols zusammengefaßt werden kann, so besteht nach Coulomb zwischen zwei punktförmigen magnetischen Mengen p_1 und p_2 in der gegenseitigen Entfernung r eine Kraftwirkung von der Größe:

$$F = \frac{1}{4\pi\,\mu_r\,\mu_0} \cdot \frac{p_1 p_2}{r^2}.$$

μ_0 ist die sogenannte Induktionskonstante oder absolute Permeabilität und es ist: $\mu_0 = 4\pi \cdot 10^{-7}$ Vs/Am. Die Einheit der magnetischen Polstärke p ist 1 Vs; μ_r ist die relative Permeabilität. Sie gibt an um wieviel sich die Kraft F vergrößert oder verkleinert, wenn die Magnetpole in Materie eingebettet werden. Es ist: $\mu_r < 1$ für diamagnetische, $\mu_r > 1$ für paramagnetische, $\mu_r \gg 1$ für ferromagnetische Stoffe, $\mu_r = 1$ für das Vakuum und auch näherungsweise für Luft.

II. α) *Gesetz von Biot-Savart.* Die magnetische Feldstärke im Abstand a von einem langen, geraden, vom Strom I durchflossenen Draht ist:

$$H = \frac{1}{2\pi}\,\frac{I}{a} \text{ bzw. } \frac{2\,I}{a}.$$

β) Feldstärke im Mittelpunkt eines Kreises vom Halbmesser r, in dem der Strom I in w Windungen fließt:

$$H = \frac{w\,I}{2\,r} \text{ bzw. } 2\pi\,\frac{w\,I}{r}.$$

γ) *Das Elementargesetz von Laplace.* Die Kraft eines kleinen Stromteils auf einen Magnetpol erfolgt senkrecht zu der durch Leiterstück und Pol gelegten Ebene, sie ist proportional der Pol- und Stromstärke, der Länge des Stromteils, dem Sinus desjenigen Winkels, welchen die Orientierungslinie des Poles zum Stromteil mit diesem bildet und umgekehrt proportional dem Quadrat der Entfernung des Stromteils vom Pol. In der Fig. 44 ist das Leiterstück $\overline{\mathrm{AB}} = \mathrm{d}l$, I die in ihm vorhandene Stromstärke, P der Magnetpol von der Stärke p, $\overline{\mathrm{AP}} \approx \overline{\mathrm{BQ}} =$

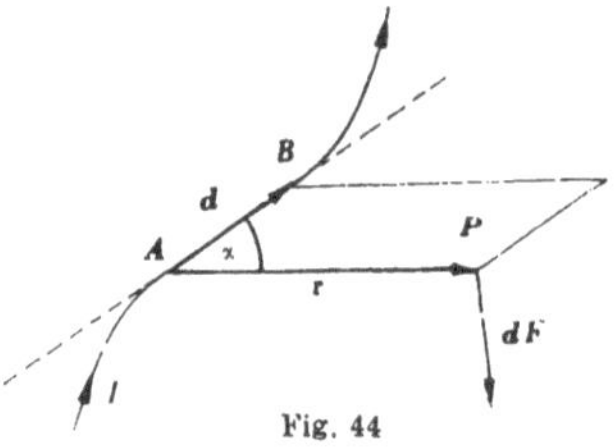

Fig. 44

$= r$; $\sphericalangle$ BAP $= \alpha$. Dann ist für die ablenkende Kraft F:

$$d\boldsymbol{F} = \frac{I \cdot p}{4\pi r^3} \cdot d\boldsymbol{l} \times \boldsymbol{r},$$

$$dF = \frac{I \cdot p \, dl \sin\alpha}{4\pi r^2},$$

wenn $\boldsymbol{r}$ der vom Anfangspunkt A des Vektors $d\boldsymbol{l}$ nach dem Punkt P gezogene Vektor ist.

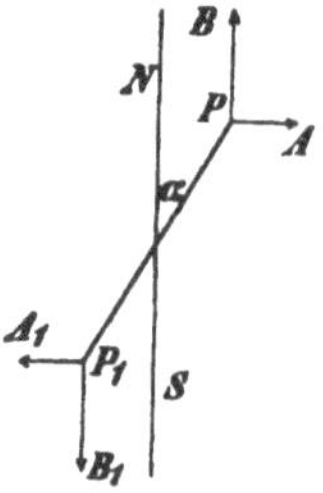

Fig. 45.

III. *Tangentenbussole* (Fig. 45). Die Magnetnadel $\overline{PP_1}$ befindet sich im Mittelpunkt des in den magnetischen Meridian NS gestellten Stromkreises. Bei Beginn der Messung weist der Zeiger der Deklinationsnadel auf 0°, nach Schließung des Stromes ergibt sich eine Ablenkung um den Winkel α. Die Stromstärke I ist

$$I = \frac{H \cdot 2r}{\mathrm{w} \tan\alpha},$$

wenn H die Horizontalkomponente des Erdfeldes ist. Durch Messung von I, w und α kann H für den betreffenden Ort bestimmt werden.

IV. *Das Moment und das Drehmoment eines Magneten.* Das Produkt aus der Polstärke p und der Entfernung l der beiden Pole eines Magneten wird sein Moment m (analog dem elektrischen Moment Ql) genannt. m ist ein Vektor, der vom Südpol zum Nordpol weist. Ferner ist das skalare Produkt aus dem Vektor der Kraftflußdichte $\boldsymbol{B} = \mu_0 \mu_r \boldsymbol{H}$, und der orientierten Fläche $\boldsymbol{A}$ ($\boldsymbol{A}$ ist ein Vektor vom Betrag A, der senkrecht zur Fläche steht) der magnetische Kraftfluß Φ. Es ist:

$$\Phi = \boldsymbol{B} \cdot \boldsymbol{A}.$$

Durchsetzen die magnetischen Kraftlinien die Fläche senkrecht, so wird einfacher:

$$\Phi = BA.$$

Es ist stets: $p = \Phi$. Die Polstärke p wird gleich dem magnetischen Kraftfluß durch eine den Pol p vollständig umfassende Fläche.

Im MKSA-System wird die Einheit der Kraftflußdichte 1 T (Tesla) und es ist 1 T = 1 Vs/m²; die Einheit des Kraftflusses ist 1 Vs = 1 Wb (Weber). Ältere Einheiten: 1 Gauß $\hat{=}$ 10^{-4} Vs/m²; 1 Maxwell $\hat{=}$ 10^{-8} Vs.

Bemerkung 1: Das magnetische Moment einer stromdurchflossenen Spule ist:

$$m = \mu_r \mu_0 \mathrm{w} I A.$$

Bemerkung 2: Der gesamte Kraftfluß Φ eines im Mittelpunkt einer Kugel vom Radius R liegenden magnetischen Pols p durch die Oberfläche O der Kugel ist gegeben durch

$$\Phi = \int_O B_n \, \mathrm{d}O = \frac{p}{4\pi R^2} \cdot 4\pi R^2 = p.$$

V. Befindet sich ein drehbarer Magnetstab vom Moment m in einem homogenen Feld, dessen Stärke H beträgt, und bildet seine Achse mit der Richtung der Kraftlinien den Winkel α, so ist das vom Feld auf den Stab ausgeübte ganze Drehmoment:

$$M = mH \sin\alpha$$

und für kleine Winkel:

$$M = mH\,\alpha.$$

Das Richtvermögen (die Direktionskraft) des Magneten ist:

$$D = m \cdot H.$$

Die „Magnetisierung" $\mathfrak{J}$ ist das magnetische Moment der Raumeinheit.

Drehmoment, das ein Magnetstab vom Moment m auf einen zweiten drehbaren Magneten vom Moment m_1 ausübt: Der Mittelpunkt des Stabes liegt entweder in der Äquatorebene des unabgelenkten drehbaren Magneten (I. Hauptlage) oder auf der verlängerten Achse des unabgelenkten drehbaren Magneten (II. Hauptlage). In beiden Fällen aber soll die Achse des Magnetstabes senkrecht zum magnetischen Meridian und sein Feld homogen sein. Ist r die Entfernung der Mittelpunkte beider Magnete und wird der drehbare Magnet um den Winkel α

bzw. β aus dem Meridian abgelenkt, so beträgt das Drehmoment M:

in der I. Hauptlage $M_1 = m_1 \cdot \cos\alpha \cdot 2\frac{m}{r^3}$

in der II. Hauptlage $M_2 = m_1 \cdot \cos\beta \cdot \frac{m}{r^3}$

VI. *Schwingungen eines Magneten.* Ein Magnetstab vom Moment m und dem Trägheitsmoment J schwingt in einem homogenen Feld von der Stärke H. Sind die Amplituden klein, so ist die Schwingungszahl:

$$f = \frac{1}{2\pi}\sqrt{\frac{m\,H}{J}}\,.$$

Ändert sich also der Magnetismus des Stabes nicht, so ist f^2 proportional H.

VII. *Erdmagnetismus.* Das von der Erde erzeugte Feld ist ein homogenes, dessen Kraftlinien parallel der Achse der Inklinationsnadel verlaufen. Ist i der Inklinationswinkel, H die Horizontal-, V die Vertikalkomponente und T die Gesamtintensität des Feldes, so gilt:

$$H = T\cos i \qquad V = T\sin i \qquad T^2 = H^2 + V^2.$$

Zur Bestimmung der Inklination i benützt man das Inklinatorium, wobei die Neigung der Nadel gegen die Waagerechte in zwei beliebigen zu einander senkrechten Lagen des geteilten Kreises beobachtet wird. Sind diese Neigungen α_1 und α_2, so erhält man folgende Formel:

$$\cot^2 i = \cot^2\alpha_1 + \cot^2\alpha_2.$$

XI. Kapitel. Elektrische Strömung

73. Ohmsches Gesetz. Elektronenleitung in Metallen

I. *Das Ohmsche Gesetz.* Liegt zwischen den Enden eines Leiterstückes die Spannung U und fließt in ihm ein Strom der Stärke I, so ist die Spannung proportional der Stromstärke I. Der

Proportionalitätsfaktor R heißt Widerstand des Leiterstückes. Es ist:

$$U = RI; \; I = \frac{U}{R}; \; R = \frac{U}{I}.$$

Die Einheit des Widerstandes ist 1 Ω (Ohm). Sie kommt einem Leiter zu, wenn eine an seinen Enden angelegte Spannung von 1 Volt in ihm den Strom von 1 Ampere fließen läßt.

$$1\,\mathrm{V} = 1\,\Omega\mathrm{A}.$$

Bemerkung: Das gesetzliche (internationale) Ohm ist der Widerstand eines Quecksilberfadens von 1 mm² Querschnitt und 106,3 cm Länge bei 0 °C. Das gesetzliche Ohm ist gegenüber dem „absoluten" Ohm etwa um (1/2)‰ zu groß.

II. Der Widerstand eines Leiters von der Länge l und dem Querschnitt A ist proportional der Länge und umgekehrt proportional A.

$$R = \varrho \frac{l}{A}.$$

ϱ heißt der spezifische Widerstand des Leiters. Er gibt an, welchen Widerstand ein Leitungsstück der Länge $l = 1$ m und dem Querschnitt $A = 1\,\mathrm{mm}^2$ (nicht 1 m²) hat. ϱ wird also in $\Omega\,\mathrm{mm}^2/\mathrm{m}$ angegeben. Die reziproke Größe von R heißt der elektrische Leitwert L, die reziproke Größe von ϱ ist die spezifische Leitfähigkeit $\varkappa$. In Formeln ausgedrückt:

$$L = \frac{1}{R}\,(\text{in } 1/\Omega); \quad \varkappa = \frac{1}{\varrho}\,(\text{in m}/\Omega\,\text{mm}^2).$$

III. Elektronenleitung in Metallen. Die in einem homogenen Leiterstück der Länge l frei beweglichen Leitungselektronen werden durch das in ihm vorhandene elektrische Feld genügender und konstanter Stärke E, das von der zwischen den beiden Polen bestehenden Potentialdifferenz oder der Spannung U herrührt, gezwungen, sich von den Atomen zu lösen und sich zum positiven Pol zu bewegen. Bei konstanter Stromstärke I muß die Geschwindigkeit c der Leistungselektronen im Durchschnitt ebenfalls konstant und proportional der Feldstärke E sein. Es ist:

$$\bar{c} = uE.$$

u heißt die Beweglichkeit des Elektrons. Die Einheit von u ist 1 m^2/Vs. Ist q die Ladungsdichte (Ladung/Volumen) der Leitungselektronen, A der Querschnitt des Leiters, so ist die durch A in der Zeit Δt hindurchgehende Ladungsmenge ΔQ gegeben durch:

$$\Delta Q = qA\bar{c}\,\Delta t,$$

also ist die Stromstärke $I = qA\bar{c} = qAuE = qAuU/l$. Das Produkt qu ist wiederum die für das betreffende Metall charakteristische Materialkonstante $\varkappa$. Mit ihr wird nun:

$$I = \varkappa \cdot \frac{A}{l} \cdot U = \frac{1}{\varrho} \cdot \frac{A}{l} \cdot U = \frac{U}{R}\,.$$

74. Stromstärke einer Batterie

Ein offenes galvanisches Element habe die elektromotorische Kraft U (= „Urspannung"). Wird das Element durch einen Leiter geschlossen, so zerfällt der Gesamtwiderstand R in den Widerstand R_a des äußeren Leiterkreises und in den inneren Widerstand R_i des Elements, weil der Strom auch die Elektrolytflüssigkeit zwischen den Elektroden der Stromquelle durchfließen muß und diese wie ein Widerstand wirkt. Das Ohmsche Gesetz lautet mithin:

$$I = \frac{U}{R_i + R_a} \text{ mit } R = R_i + R_a$$

Aufgelöst: $U = IR_i + IR_a$ oder $IR_a = U - IR_i$.

Das Produkt IR_a liefert die *Klemmenspannung* U_{Kl} des geschlossenen Elements, und nur für $R_a \gg R_i$ ist $U_{Kl} \approx U$; bei Strombelastung steigt IR_i und damit der Spannungsabfall im Innern des Elements. Um diesen niedrig zu halten, muß man dafür sorgen, daß R_i klein bleibt (beim Akkumulator günstiger als beim galvanischen Element).

I. Sind n gleiche Elemente hintereinander geschaltet (ungleichnamig verbunden, in *Serienschaltung*), so hat sich die elektromotorische Kraft wie auch der innere Widerstand ver-n-facht. Die Stromstärke der Batterie ist daher:

$$(1) \qquad I = \frac{n\,U}{R_a + n \cdot R_i} = \frac{U}{\frac{R_a}{n} + R_i},$$

d. h., sie ist ebenso groß wie die eines einzigen Elementes, bei dem der äußere Widerstand auf den n-ten Teil reduziert ist.

II. Werden n gleiche Elemente von der elektromotorischen Kraft U und dem inneren Widerstand R_i nebeneinander geschaltet (gleichnamig verbunden, *parallel geschaltet*), so ist bei einem äußeren Widerstand R_a die Stromstärke der Batterie:

$$(2) \qquad I = \frac{U}{R_a + \frac{R_i}{n}},$$

III. Hat man $p \cdot q$ Elemente, verbindet je q Elemente parallel und schaltet die erhaltenen p Gruppen hintereinander, so ist die Stromstärke der Kette:

$$I = \frac{U}{\frac{R_a}{p} + \frac{R_i}{q}}.$$

75. Stromverzweigung. Sätze von Kirchhoff

I. Alle auf Stromverzweigungen bezüglichen Probleme, auch wenn mehrere Stromquellen in den verschiedenen Zweigen vorhanden sind, lassen sich mit Hilfe zweier von Kirchhoff aufgestellter Sätze lösen. Diese lauten:

a) An jedem Knotenpunkt ist die algebraische Summe der Stromstärken gleich Null, wenn man die gegen den Kreuzungspunkt gerichteten Ströme mit dem positiven, die von demselben abgehenden mit dem negativen Zeichen versieht; denn da ein solcher Punkt weder Quelle noch Senke für die

Ladungen sein kann, so ist dort eine Zunahme oder Abnahme der Elektrizitätsmenge unmöglich. Es ist also:

$$\Sigma I = 0.$$

b) Der zweite Satz bezieht sich auf die elektrischen Verhältnisse in einem geschlossenen Stromkreis. Er sagt aus: In jedem geschlossenen Stromkreis, der durch Verzweigungen gebildet wird, ist die Summe der elektromotorischen Kräfte gleich der Summe der Produkte aus den Stromstärken und den Widerständen der einzelnen Teile. Dabei erhalten die nach der gleichen Richtung tätigen Kräfte und Ströme das gleiche Zeichen. Es ist:

$$\Sigma U = \Sigma (I \cdot R).$$

II. Sind im einfachsten Fall I der zufließende, I_1 und I_2 die beiden abfließenden Ströme, R_1 und R_2 die Widerstände in den beiden Zweigen, so gilt:

$$I = I_1 + I_2$$

$$I_1 : I_2 = R_2 : R_1 .$$

III. Sind R_1, R_2, $R_3 \ldots$ die Einzelwiderstände, so ist der Gesamtwiderstand bei Hintereinanderschaltung:

$$R = R_1 + R_2 + R_3 + \cdots,$$

bei Parallelschaltung:

$$\frac{1}{R} = \frac{1}{R_1} + \frac{1}{R_2} + \frac{1}{R_3} + \cdots.$$

IV. *Wheatstonesche Brücke* (Fig. 46). Sind R_1, R_2, R_3, R_4 die Widerstände der vier Zweige $\overline{AB}$, $\overline{BC}$, $\overline{AD}$ und $\overline{DC}$ und ist die Brücke $\overline{BD}$ stromlos, so verhält sich:

$$R_1 : R_2 = R_3 : R_4.$$

Sind R_1 und R_2 die Widerstände zweier Drahtstücke von gleichem Material und Querschnitt mit den Längen l_1 und l_2 und ist R_3 ein unbekannter, R_4 ein bekannter Widerstand, so ist:

$$R_3 = \frac{l_1}{l_2} R_4 .$$

V. *Schaltung von Meßgeräten.* Meßbereichserweiterung. a) Strommeßgerät. Das Galvanometer mit dem bekannten inneren Widerstand R_1 wird in den Stromkreis in Serie geschaltet, in dem der Strom mit der Stärke I_x fließt. Parallel zum Galvanometer liegt ein gleichfalls bekannter kleiner Widerstand R_2 durch welchen der große Teilstrom I_2 fließt. Ist $R_1 : R_2 = x : 1$, so wird $I_x = (1 + x)\, I_1$, wobei I_1 die am

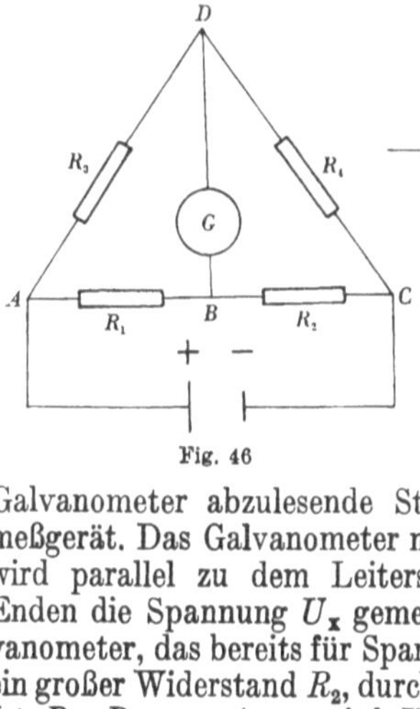

Fig. 46

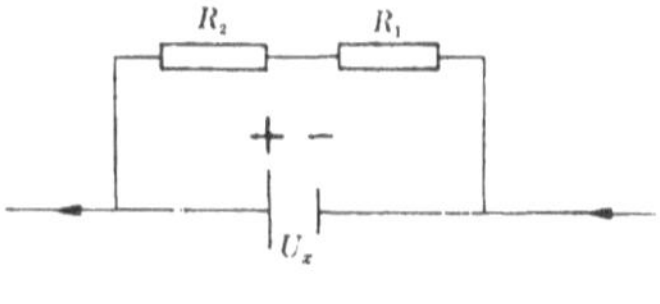

Fig. 48

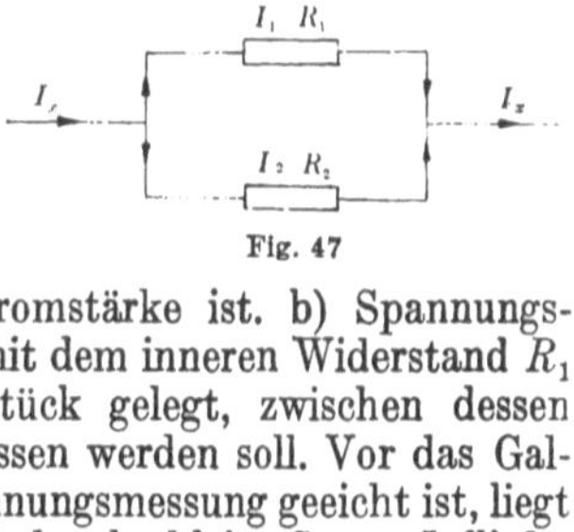

Fig. 47

Galvanometer abzulesende Stromstärke ist. b) Spannungsmeßgerät. Das Galvanometer mit dem inneren Widerstand R_1 wird parallel zu dem Leiterstück gelegt, zwischen dessen Enden die Spannung U_x gemessen werden soll. Vor das Galvanometer, das bereits für Spannungsmessung geeicht ist, liegt ein großer Widerstand R_2, durch den der kleine Strom I_2 fließt. Ist $R_2 : R_1 = x : 1$, so wird $U_x = (1 + x)\, U_2$, wobei U_2 die am Galvanometer abzulesende Spannung ist. Durch geeignete Wahl von x kann jede Stromstärke (a) und Spannung (b) gemessen werden (Fig. 47, 48).

VI. *Spannungsteilerschaltung* (Potentiometer) (Fig. 49). Die Pole einer Stromquelle (eines Elements) werden durch einen hohen, mit Gleitkontakt S versehenen Widerstand R verbunden, so daß dauernd ein schwacher Strom $I = U/R$ fließt; längs des Widerstandes herrscht ein linearer Spannungsabfall. Legt man parallel zum Widerstand ein Voltmeter und mißt man die Spannung zwischen A und dem Gleitkontakt S, so ist die abgegriffene Spannung U_1 um so kleiner, je kleiner der zwischen den Abzweigpunkten A und S liegende Widerstand R_1 ist, denn es gilt $U_1 = I R_1$.

VII. Messung der EMK eines Elements nach der Poggendorffschen Kompensationsmethode (Fig. 50). Eine Batterie B schickt durch den Meßdraht $\overline{CD} = l$ einen konstanten Strom I, wobei die Spannung U der Batterie unbekannt ist. An dem Meßdraht greift man eine Spannung ab, die gerade gleich der zu messenden Spannung E_x des Elements ist. Die Gleichheit erkennt man dadurch, daß man die negative Klemme des Elements und die negative Klemme des Akkumulators zusammen mit dem einen Ende C des Meßdrahtes, die positive Klemme des Elements über ein Galvanometer G mit dem Gleitkontakt S verbindet und S solange verschiebt, bis das Galvanometer keinen Strom anzeigt. Dann ist:

$$E_x = I R_x = I \cdot x/l.$$

An Stelle von E_x schaltet man dann ein Westonsches Normalelement, das die konstante Spannung E_y liefert. Es wird dann analog wie oben:

$$E_y = I R_y = I \cdot y/l.$$

Aus beiden Gleichungen erhält man sofort:

$$E_x = E_y \cdot x/y.$$

Da x, y und E_y bekannt sind, ist daher E_y zu berechnen.

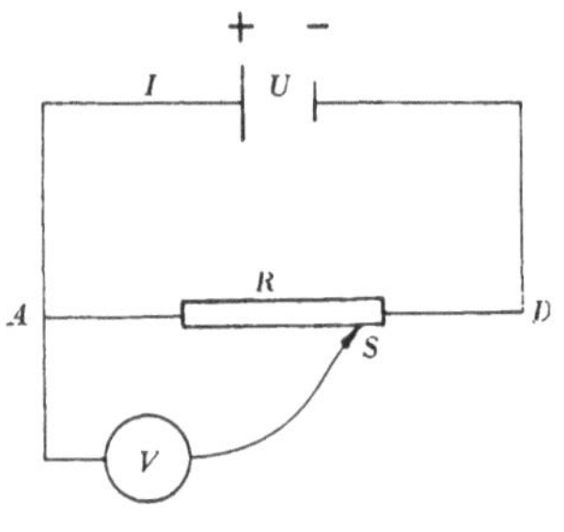

Fig. 49

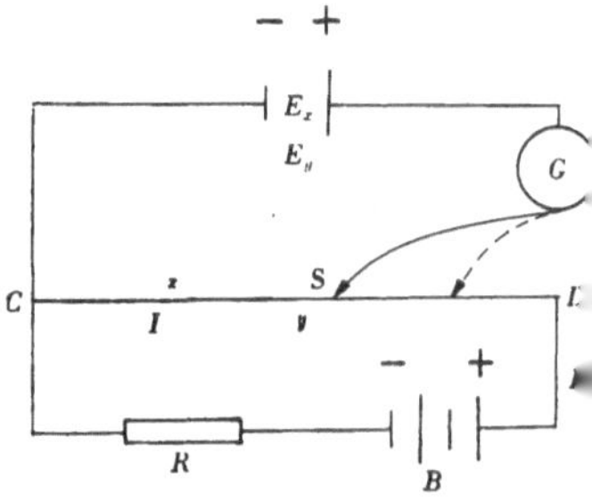

Fig. 50

76. Stromenergie. Gesetz von Joule

I. *Leistung.* Liegt zwischen zwei Punkten eines Leiterstücks vom Widerstand R die Spannung U und fließt in ihm der Strom I, so ist die Leistung P_e des Stromes I:

$$P_e = UI = I^2R.$$

Die Einheit der Stromleistung P_e ist 1 W (Watt). Es ist:

$$1\ \mathrm{W} = 1\ \mathrm{VA} = 1\ \mathrm{Nm/s} = 1\ \mathrm{J/s}.$$

II. *Arbeit.* Die vom Strom verrichtete Arbeit W_e ist:

$$W_e = UIt = RI^2t.$$

Die Einheit der Stromarbeit ist 1 Ws (Wattsekunde). Es ist: 1 Ws = VAs = 1 Nm = 1 J; in der Praxis verwendet: 1 kWh $= 3{,}6 \cdot 10^6$ Ws.

III. *Gesetz von Joule.* Wird die ganze von der Stromquelle abgegebene elektrische Energie in Wärme verwandelt, so gilt für die im Widerstand R erzeugte Wärme:

$$W_e = 0{,}239\,\frac{\mathrm{cal}}{\mathrm{Ws}}\,IUt = 0{,}239\,\frac{\mathrm{cal}}{\mathrm{Ws}}\,I^2Rt.$$

Die in einem konstanten Widerstand R erzeugte Wärme ist dem Quadrat der Stromstärke proportional. Das elektrische Wärmeäquivalent ist: 1 Ws $\triangleq$ 0,239 cal.

77. Die Gesetze von Faraday. Das elektrische Elementarquantum

I. Bringt man Natriumchlorid (allgemein ein Salz, eine Säure oder Base) in Wasser, so werden durch den Lösungsvorgang die Moleküle dissoziiert, d. h., das neutrale Molekül NaCl spaltet sich in das positiv geladene Natrium-Ion und das negative Chlor-Ion. (Besondere Verhältnisse bei starken Elektrolyten.) Werden nun in die Flüssigkeiten Elektroden eingetaucht und wird die eine, die Anode, mit dem positiven, die andere, die Kathode, mit dem negativen Pol einer Spannungsquelle (Batterie) verbunden, so tritt eine Wanderung der Ionen ein, wodurch ein Transport von Elektrizität, ein elektrischer Strom, zustande kommt. Der ganze Vorgang heißt Elektrolyse, der transportierende Stoff Elektrolyt, und es scheidet sich stets an der Kathode das in dem Salz befindliche Metall (bzw. der Wasserstoff) ab. Die positiven Ionen heißen Kationen, weil sie zur Kathode, die negativen Anionen, weil sie zur Anode wandern.

II. Für die Menge der ausgeschiedenen Stoffe hat Faraday zwei Sätze aufgestellt:

a) Die von einem Strom I in der Zeit t abgeschiedene Stoffmenge ist der Stromstärke und der Zeit proportional.

$$m = A_e \cdot I \cdot t$$

A_e heißt das elektrochemische Äquivalent eines Stoffes. Es gibt die in einer Sekunde von Strom $I = 1$ A ausgeschiedene Stoffmenge an. A_e ist für Silber 1,118 mg/C, für Kupfer 0,3294mg/C (für Knallgas bei 0 °C und 760 Torr 0,174 cm³).

b) Geht derselbe Strom I in der gleichen Zeit durch verschiedene Elektrolyte, so verhalten sich die in der Zeit t ausgeschiedenen Stoffmengen wie deren chemische Äquivalentgewichte A_{CH} (A_{CH} = Atomgewicht/Wertigkeit). Zur Ausscheidung eines Grammäquivalents (das sind soviel Gramm, wie das Äquivalentgewicht angibt) eines Elements muß die Elektrizitätsmenge 96 494 Coulomb durch den Elektrolyten fließen. Die Größe:

$$F = 96\,494 \ \frac{\text{Coulomb}}{\text{g-Äquivalent}}$$

ist für alle Stoffe gleich. F heißt die Faradaysche Konstante.

III. Elektrisches Elementarquantum. Da das Äquivalentgewicht für einwertige Stoffe gleich dem Grammatom dieses Stoffes ist und dieses $N_A = 6{,}0237 \cdot 10^{23}$ Ionen/mol enthält, wird:

$$e = \frac{96\,494}{6{,}0237 \cdot 10^{23}} \text{ C} = 1{,}602 \cdot 10^{-19} \text{ C}$$

e heißt elektrisches Elementarquantum.

IV. Die Faradaysche Konstante F, die Avogadrosche Konstante N_A und das elektrische Elementarquantum e sind durch die Gleichung verknüpft:

$$F = e\,N_A.$$

XII. Kapitel. Induktion

78. Grundlagen

I. *Lenzsche Regel.* Die in einem geschlossenen Stromkreis durch einen zeitlich veränderlichen magnetischen Kraftfluß Φ induzierte elektrische Spannung U_{ind} erzeugt in diesem einen Strom I, der so gerichtet ist, daß sein Magnetfeld der Änderung (Zunahme oder Abnahme) des magnetischen Flusses entgegen wirkt.

II. *Dreifingerregel der rechten Hand.* (U-V-W-Regel). Hält man die drei ersten Finger der rechten Hand so, daß sie ein rechtwinkeliges cartesisches und räumliches Koordinatensystem bilden, und gibt der Zeigefinger die Richtung der Feldlinien an (Verknüpfung *V*), der Daumen die Ursache U, also die Richtung des Stromes im Stromleiter, so gibt der Mittelfinger die Wirkung W, also die Richtung der Bewegung an.

III. Hält man dagegen die drei ersten Finger der linken Hand so, daß sie ein rechtwinkeliges cartesisches und räumliches Koordinatensystem bilden, und gibt der Zeigefinger die Richtung der Feldlinien an (Verknüpfung *V*), der Daumen die Ursache U, also die Richtung der Bewegung des Stromleiters, so gibt der Mittelfinger die Wirkung W, also die Richtung des Stromes an.

IV. *Spannungsstoß.* Ändert sich das eine Spule durchsetzende Magnetfeld, so treten zwischen den Spulenenden elektrische Spannungen auf. Ruft man die gleiche Änderung auf verschiedene Weise und mit verschiedenen Geschwindigkeiten hervor, so tritt jedesmal der gleiche „Spannungsstoß" auf. Unter dem Spannungsstoß oder der „Zeitsumme der Spannung" verstehen wir den Ausdruck $\int U\,dt$, für die gleichförmige Bewegung den Ausdruck Ut, gemessen in Voltsekunden. Der Spannungsstoß ist unabhängig von einem in der Leitung fließenden Strom.

V. *Induktionsgesetz.* Der Spannungsstoß in einer Spule mit w Windungen und der Windungsfläche A, in der ein magnetisches Feld von H_1 auf H_2 gebracht wird, ist:

$$\int_0^T U_{\text{ind}}\,\mathrm{d}t = \mu_0\mu_r\,wA(H_2 - H_1) = wA(B_2 - B_1),$$

oder bei Drehung der Spule im Feld:

$$\int_0^T U_{\text{ind}}\,\mathrm{d}t = \mu_0\mu_r w(A_2H_2 - A_1H_1) = w(A_2B_2 - A_1B_1),$$

wenn A_1 und A_2 die Projektion der Fläche A auf eine senkrecht zu den Feldlinien stehende Ebene vor und nach der Drehung bedeuten. $\mu_0 = 1{,}2566 \cdot 10^{-6}$ Vs/Am, μ_r = relative Permeabilität, Spannungsstoß in Vs, H_1 und H_2 in A/m, A_1 und A_2 in m². Ferner ist $B = \mu_0\mu_r H$ die Kraftflußdichte oder magnetische Induktion und $\Phi = \mu_0\mu_r HA = BA$ der Kraftfluß (magnetischer Induktionsfluß), d. i. der Spannungsstoß, den ein Magnetfeld von der Stärke H in einer Spulenwindung von der Fläche A höchstens induzieren kann. Die Einheit von Φ ist 1 Vs, die von B ist 1 Vs/m² (vgl. Nr. 73. IV).

Weitere Ausdrücke für die induzierte Spannung (elektrische Randspannung):

$$\text{a) } U_{\text{ind}} = -w\frac{\mathrm{d}\Phi}{\mathrm{d}t} = -w\frac{\mathrm{d}(BA)}{\mathrm{d}t} \text{ in Volt.}$$

Die genauere Fassung des Induktionsgesetzes drückt sich in der zweiten Maxwellschen Gleichung aus:

$$\text{b) } U_{\text{ind}} = -\frac{\mathrm{d}}{\mathrm{d}t}\int_A \boldsymbol{B}\,\mathrm{d}\boldsymbol{A}.$$

Die gesamte in einer Leiterschleife induzierte Spannung ist gleich der negativen zeitlichen Änderung des Induktionsflusses.

Bemerkung. In der Benennung der Größen B und H herrscht in der Literatur große Uneinheitlichkeit. Teilweise wird H die Feldstärke und B die Kraftflußdichte oder magnetische Induktion genannt, z. T. aber H die magnetische Erregung und B die Feldstärke. Die Formelsammlung benutzt die ersteren Bezeichnungen.

Umrechnungsgleichungen: 1 Vs/cm² $\triangleq 10^8$ G (Gauß) oder 1 G $\triangleq 10^{-4}$ Vs/m²; 1 Vs $\triangleq 10^8$ M (Maxwell) oder 1 M $\triangleq$ 10^{-4} G m².

Die Spannung U_{ind}, die in einem Leiter von der Länge l induziert wird, wenn diese sich mit der Geschwindigkeit v senkrecht zu den Kraftlinien des Feldes H bewegt ist:

$$U_{ind} = \mu_0 \mu_r H l v = B l v \text{ in Volt.}$$

79. Selbstinduktion

Da mit einem zeitlich veränderlichen Strom in einer Spule ein zeitlich veränderlicher magnetischer Fluß Φ verknüpft ist, muß in der Spule eine Induktionsspannung induziert werden, deren Größe von den Abmessungen der Spule, der Permeabilität der Umgebung und der Stärke der Änderung der Stromstärke abhängen muß.

a) Diese Selbstinduktion wirkt der Veränderung des Stromes stets entgegen; sie ist vergleichbar der Masse. „Strom und Magnetfeld sind träge".

b) Der Selbstinduktionskoeffizient (Induktivität) L eines Leiters gibt den negativ genommenen und in Voltsekunden gemessenen Spannungsstoß an, der in dem Leiter bei einer Stromstärkenänderung um 1 A induziert wird.

c) Ist $\mathrm{d}I$ die Stromstärkenänderung in der Zeit $\mathrm{d}t$, so ist die induzierte Spannung:

$$U_{ind} = -L \frac{\mathrm{d}I}{\mathrm{d}t} \text{ (in Volt).}$$

d) Der Selbstinduktionskoeffizient einer gestreckten Spule von der Länge l, dem Querschnitt A und der Windungszahl w ist angenähert:

$$L = \mu_0 \mu_r w^2 A/l \text{ (in Henry).}$$

e) Der Selbstinduktionskoeffizient einer Drosselspule mit dem Radius r des Eisenquerschnitts, mit dem Radius R des Ringes, mit w Windungen und der Dicke d des Luftspaltes ist:

$$L = \mu_0 \mu_r \frac{w^2 \pi r^2}{\mu_r d + 2\pi R - d}.$$

f) Einheit des Selbstinduktionskoeffizienten. Diese ist 1 H (Henry). Sie besitzt ein Leiter, in dem bei der Stromstärkenänderung 1 Ampere in der Sekunde die Spannung 1 Volt induziert wird. 1 H = 1 Vs/A = 1 Ωs = 1 Nm/A².

g) Sind $L_1, L_2, L_3 \dots$ die einzelnen Selbstinduktionen und L die Gesamtselbstinduktion, so ist bei Hintereinanderschaltung:

$$L = L_1 + L_2 + L_3 + \cdots$$

und bei Parallelschaltung:

$$\frac{1}{L} = \frac{1}{L_1} + \frac{1}{L_2} + \frac{1}{L_3} + \cdots$$

(Gültig unter der Voraussetzung, daß sich die Spulen gegenseitig nicht beeinflussen.)

h) Ein- und Ausschaltvorgang von Gleichströmen in Stromkreisen mit Selbstinduktion und ohmschen Widerstand.

α) Einschaltvorgang. Enthält ein Stromkreis eine Gleichspannungsquelle, einen ohmschen Widerstand R und eine Spule mit dem Selbstinduktionskoeffizienten L, so wird die Stromstärke I nach der Zeit t, wenn U die Spannung der Spannungsquelle ist:

$$I = \frac{U}{R}\left(1 - e^{-\frac{R}{L}t}\right).$$

I in Ampere, U in Volt, R in Ohm, L in Henry, t in Sekunden. L/R heißt die Zeitkonstante. Ist diese klein, so nähert sich die Stromstärke rasch dem Wert $I = U/R$.

β) Ausschaltvorgang. Ist I_0 die Stromstärke vor dem Ausschalten des Gleichstromkreises, so fließt nach dem Abschalten der Strom:

$$I = I_0^{-\frac{R}{L}t}$$

Nur wenn die Zeitkonstante klein ist, sinkt die Stromstärke I rasch auf den Wert 0.

i) Auf- und Entladung von Stromkreisen mit ohmschem Widerstand R und Kapazität C.

α) Einschaltvorgang. Enthält ein Stromkreis eine Gleichspannungsquelle, einen ohmschen Widerstand R und einen

Kondensator mit der Kapazität C, so wird die Stromstärke I nach der Zeit t; wenn U die Spannung der Spannungsquelle ist:

$$I = \frac{U}{R} e^{-\frac{t}{RC}}$$

I in Ampere, U in Volt, R in Ohm, C in Farad, t in Sekunden. RC heißt ebenfalls Zeitkonstante. Sie gibt die Zeit an, nach der die Stromstärke auf den e-ten Teil sinkt.

β) Ausschaltvorgang: Ist U_0 die Spannung am Kondensator vor dem Ausschalten, so fließt nach dem Abschalten der Strom:

$$I = \frac{U_0}{R} e^{-\frac{t}{RC}}$$

Nur wenn die Zeitkonstante RC klein ist, sinkt die Stromstärke I rasch auf den Wert 0.

j) Die magnetische Energie in einer Spule ist:

$$E_m = 1/2\, L I^2 \text{ (in Ws = J)},$$

die Energie eines homogenen Magnetfeldes von der Stärke H im Raum V ist:

$$E_m = 1/2\, \mu_0 \mu_r H^2 V \text{ (in Ws = J)},$$

die gesamte „elektromagnetische" (elektrische plus magnetische) Energie im Raum V ist:

$$E = 1/2(\varepsilon_0 \varepsilon_r E^2 + \mu_0 \mu_r H^2)\, V \text{ (in Ws = J)},$$

die Energiedichte, der Quotient aus E und V ist also:

$$u = E/V = 1/2(\varepsilon_0 \varepsilon_r E^2 + \mu_0 \mu_r H^2) = 1/2(ED + HB)$$

80. Kräfte in magnetischen Feldern

a) Herrscht zwischen zwei Magnetpolen von der Querschnittfläche A das Feld H, so ist die Kraft, mit der sie sich anziehen:

$$F = \mu_0 \mu_r H^2 A.$$

b) Die Kraft, die auf einen Draht der Länge l, der vom Strom I durchflossen wird und senkrecht zum Magnetfeld H gerichtet ist, ausgeübt wird, ist:

$$F = \mu_0 \mu_r I H l \text{ (in N)}$$

c) Das Drehmoment eines Magnetfeldes H auf eine zu ihm senkrechte, vom Strom I durchflossene Spule von der Fläche A und der Windungszahl w beträgt:

$$M = \mu_0 \mu_r H I w A \text{ (in Nm).}$$

d) Zwei parallele Leiter von der Länge l, die von den Strömen I_1 und I_2 durchflossen werden, erfahren im Abstand r eine Anziehung bei gleicher und eine Abstoßung bei einander entgegengesetzter Richtung von der Größe:

$$F = \frac{\mu_0 \mu_r I_1 I_2 l}{2\pi r}$$

e) Die von der Feldstärke H (in A/m) auf ein Polgebiet mit dem Kraftfluß Φ (in V·s) ausgeübte Kraft ist:

$$F = \Phi H.$$

f) Zwei Magnetpole mit dem Kraftfluß Φ_1 bzw. Φ_2 (in Vs) im Abstand r (in m) üben aufeinander folgende Kraft aus:

$$F = \frac{\Phi_1 \Phi_2}{4\pi \mu_0 \mu_r r^2} \text{ (in N).}$$

81. Der Einphasenwechselstrom

a) *Augenblickswert der Stromstärke* in einem Drahtviereck, das in einem Magnetfeld gleichförmig gedreht wird:

$$I = I_{\max} \sin \alpha = I_{\max} \sin 2\pi \frac{t}{T}$$

$$= I_{\max} \sin 2\pi f t = I_{\max} \sin \omega t,$$

wenn $I_{\max}$ der Maximalwert der Stromstärke und α der Drehwinkel, t die zu dem Winkel α gehörige und T die zu dem Winkel 2π gehörige Zeit, ferner $f = \frac{1}{T}$ die Frequenz und $\omega = 2\pi f$ die Kreisfrequenz des Wechselstroms sind.

b) *Addition von Wechselströmen.*

Augenblickswert des 1. Stromes $I' = I'_{\max} \sin 2\pi \frac{t}{T}$,

Augenblickswert des 2. Stromes $I'' = I''_{max} \sin\left(2\pi \frac{t}{T} + \varphi\right)$,

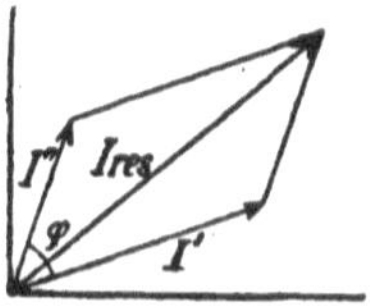

Fig. 51.

wobei φ der Phasenwinkel der beiden Ströme ist.

Die resultierende Stromstärke I_{res} ergibt sich am schnellsten als Diagonale des Vektorparallelogramms, dessen Seiten I' und I'' sind und dessen Winkel gleich φ ist (Fig. 51).

Entsprechend die Addition von EMK (Rechnung analog Nr. 48,III).

c) *Effektivwert der Stromstärke* bei Wechselstrom, d. i. diejenige Stromstärke I_{eff}, die ein Gleichstrom haben muß, um während derselben Zeit T dieselbe Wärmewirkung zu erzielen wie der Wechselstrom (vgl. Nr. 77).

Arbeit des Wechselstroms:

$$W_e = I^2_{max} \cdot R \int_0^T \sin^2 2\pi \frac{t}{T}\, dt = \frac{1}{2} I^2_{max} \cdot RT\,,$$

Arbeit des Gleichstroms: $W_e = I^2_{eff} R \cdot T$, daher:

$$I_{eff} = \tfrac{1}{2}\sqrt{2} \cdot I_{max}$$

d) *Spannung und Strom* (vgl. auch e bis g dieser Nr.). Befinden sich in dem Stromkreis nur ohmsche Widerstände, so sind Spannung und Strom „in Phase", und es ist:

$$I = I_{max} \sin\alpha, \quad U = U_{max} \sin\alpha;$$

bei kapazitiver Belastung ist:

$$I = I_{max} \sin\alpha, \quad U = U_{max} \sin(\alpha - \varphi);$$

bei induktiver Belastung:

$$I = I_{max} \sin\alpha, \quad U = U_{max} \sin(\alpha + \varphi),$$

wobei φ die Phasendifferenz bedeutet.

e) *Stromkreis mit Selbstinduktion L*, aber zu vernachlässigendem ohmschen Widerstand:

$$I_{max} = \frac{U_{max}}{\omega L}\,;\ \varphi = \frac{\pi}{2}\,.$$

Der Maximalwert der Stromstärke ist also um so kleiner, je größer der Selbstinduktionskoeffizient und die Frequenz des Wechselstroms ist. ωL heißt induktiver Wechselstromwiderstand R_L oder Induktanz. Für L in Henry ($=\Omega$ s, Nr. 80) und ω in Hertz ($=1/\text{s}$) ergibt sich ωL in der Widerstandseinheit Ω.

f) *Stromkreis mit Kapazität C*, aber zu vernachlässigendem ohmschen Widerstand:

$$I_{\max} = \omega C \, U_{\max}.$$

Der Wechselstromwiderstand $\frac{1}{\omega C}$ einer Kapazität ist also um so kleiner, je größer Kapazität und Frequenz des Wechselstromes sind. Er wird als kapazitiver Wechselstromwiderstand R_C oder Kondensanz bezeichnet. Für C in Farad ($=$As/V oder s/Ω) und ω in Hertz ($= 1/\text{s}$) erhält man auch $\frac{1}{\omega C}$ in der Widerstandseinheit Ω.

g) *Stromkreis mit ohmschem Widerstand R, Kapazität C und Selbstinduktion L in Serie (Reihe)*:

$$I_{\max} = \frac{U_{\max}}{\sqrt{R^2 + \left(\omega L - \frac{1}{\omega C}\right)^2}}.$$

Der Wechselstromwiderstand ist $\sqrt{R^2 + \left(\omega L - \frac{1}{\omega C}\right)^2}$, er heißt Scheinwiderstand oder Impedanz. Seine ohmsche Komponente nennt man Wirkwiderstand, die Komponente aus induktivem und kapazitivem Widerstand $\left(\omega L - \frac{1}{\omega C}\right)$ Blindwiderstand oder Reaktanz.

Die Spannung ist in ihrer Phase dem Strom voreilend oder nachfolgend, je nachdem $\omega L \gtrless \frac{1}{\omega C}$ ist. Der Tangens des

Phasenwinkels ist bestimmt durch:

$$\tan\varphi = \frac{\omega L - \dfrac{1}{\omega C}}{R}$$

h) *Stromarbeit:*

$$A = \int_0^T IU\,dt = \int_0^T I_{\max} \sin 2\pi \frac{t}{T}\, U_{\max} \sin \left(2\pi \frac{t}{T} + \varphi\right) dt,$$

wenn die Phasendifferenz zwischen Spannung und Stromstärke gleich φ ist.

$$A = I_{\text{eff}}\, U_{\text{eff}}\, T \cos\varphi = \tfrac{1}{2} I_{\max}\, U_{\max}\, T \cos\varphi;$$

$\cos\varphi$ heißt der Leistungsfaktor.

i) Fall der Stromresonanz bei parallel geschaltetem kapazitativem und induktivem, aber ohne ohmschen Widerstand (Fig. 52). Wird $\omega L = 1/\omega C$ oder $\omega^2 = 1/LC$, d. h., das Quadrat der Wechselstromkreisfrequenz ω gleich dem reziproken Produkt aus der Induktivität L und der Kapazität C, so besteht keine Phasenverschiebung zwischen Strom und Spannung. Der Vorgang folgt dem Ohmschen Gesetz, und die Energie pendelt zwischen dem elektrischen und magnetischen Feld hin und her. Sind die Werte der Energie in beiden Feldern gleich, so hat die Stromquelle gar nichts mehr zu tun, und es besteht in dem Stromkreis Stromresonanz.

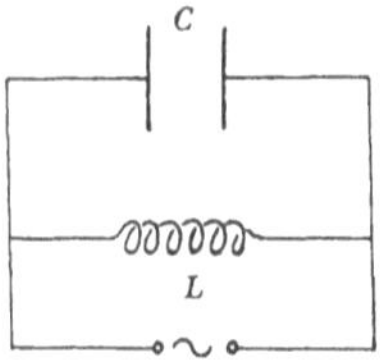

Fig. 52

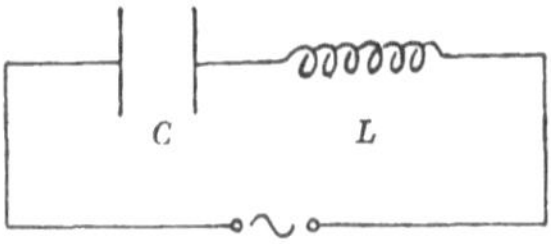

Fig. 53

j) Fall der Spannungsresonanz bei Serienschaltung eines kapazitativen und induktiven Widerstands (Fig. 53). Auch hier ist, sofern $\omega L = 1/\omega C$ erfüllt ist, die Spannung mit dem Strom in Phase, also $\varphi = 0$.

k) *Transformator.* Für jede einzelne Phase sei
in der Primärspule: Stromstärke I_1, Spannung U_1,
in der Sekundärspule: Stromstärke I_2, Spannung U_2,
theoretisch: $I_1 U_1 = I_2 U_2$,
praktisch: Wirkungsgrad $\eta = I_2 U_2 : I_1 U_1$
(angenähert, ohne Berücksichtigung der Phasendifferenz).

Beim idealen streuungsfreien Transformator ist das Verhältnis der Klemmenspannung an Sekundär- und Primärspule gleich dem Verhältnis der Windungszahlen.

82. Verschiebungsstrom. Maxwellsche Gleichungen. Schwingkreis

I. *Verschiebungsstrom.* In jedem Raum, in dem sich ein elektrisches Feld E zeitlich ändert, fließt ein „Verschiebungsstrom“. Ist die Querschnittsfläche des sich ändernden Feldlinienbündels A und die dielektrische Verschiebung D, so ist die Größe des Verschiebungsstroms I gegeben durch:

$$I = \varepsilon_0 \varepsilon_r A \dot{E} = A \dot{D},$$

wobei angenommen ist, daß sich ε_r nicht mit der Zeit ändert. $\dot{E}$ und $\dot{D}$ sind die Änderungsgeschwindigkeiten von E und D.

II. *1. Maxwellsche Gleichung* (vgl. Nr. 72). Ein sich zeitlich änderndes elektrisches Feld E umgibt sich mit ringförmig geschlossenen magnetischen Feldlinien (Magnetisches Wirbelfeld). Es ist:

$$\operatorname{rot} \boldsymbol{H} = \varkappa \boldsymbol{E} + \frac{\partial \boldsymbol{D}}{\partial t},$$

$\varkappa$ ist die elektrische Leitfähigkeit und diese wird in einem Dielektrikum Null. $\boldsymbol{D} = \varepsilon_0 \varepsilon_r \boldsymbol{E}$.

III. 2. Maxwellsche Gleichung (vgl. Nr. 79). Ein sich zeitlich änderndes Magnetfeld H umgibt sich mit ringförmig geschlossenen elektrischen Feldlinien (Elektrisches Wirbelfeld). Es ist

$$\operatorname{rot} \boldsymbol{E} = -\frac{\partial \boldsymbol{B}}{\partial t},$$

$$\boldsymbol{B} = \mu_0 \mu_r \boldsymbol{H}.$$

IV. *Schwingkreis.* Besteht ein Schwingkreis aus einer Spule, einem Kondensator und einem ohmschen Widerstand, die alle in Reihe geschaltet sind (Fig. 54), so gilt für den Strom I die Differentialgleichung:

$$L\ddot{I} + R\dot{I} + (1/C)\, I = 0.$$

Eine Lösung dieser Gleichung ist, wie die Theorie der Differentialgleichungen lehrt:

$$I = I_0 \, e^{-\delta t} \cos \omega t,$$

mit $\delta = R/2L$, $\omega = \sqrt{1/LC - R^2/4L^2}$. Es bedeuten die Symbole: t die Zeit, f die Frequenz, $\omega = 2\pi f$ die Kreisfrequenz, $T = 1/f$ die Schwingungsdauer und Periode, I_0 die Amplitude oder die Elongation zur Zeit $t = 0$, I_T die Amplitude oder Elongation nach dem Ablauf einer Periode. Ferner ist: $\eta = I_0/I_T$ das Verhältnis dieser Amplituden, $\ln \eta = \delta T$ das logarithmische Dekrement, $\omega_0 = \sqrt{1/LC}$ die Kreisfrequenz der ungedämpften Schwingung (der Dämpfungsfaktor R wird dann 0).

Bemerkung 1: Nur wenn $\omega_0{}^2 < R^2/4\,L^2$ ist, handelt es sich um einen echten zeitlich periodischen Vorgang. Ist $\omega_0^2 > R^2/4\,L^2$, dann ist der Schwingungsvorgang aperiodisch. Ist $\omega_0^2 = R^2/4\,L^2$, dann liegt der aperiodische Grenzfall vor.

Bemerkung 2: In der Mechanik lassen sich viele gedämpfte und ungedämpfte Schwingungsvorgänge durch eine analog gebaute Differentialgleichung darstellen.

Die Schwingung ist auf Grund der Jouleschen Wärmeverluste im ohmschen Widerstand gedämpft, wobei die Stärke der Dämpfung durch $\delta = R/2L$ festgelegt ist. Ist $R = 0$, so ist der Schwingungsvorgang im geschlossenen Schwingkreis ungedämpft, der Kondensator wird nach einer einmaligen Anregung abwechselnd aufgeladen und entladen. Die Schwingungsdauer wird:

$$T = 2\pi \sqrt{LC} \text{ (Thomsonsche Formel)},$$

wobei L in H, C in F und T in s gemessen wird. Die gesamte Energie des Schwingkreises ist:

$$E = \frac{1}{2}\frac{Q^2}{C} + \frac{1}{2} L I^2 = \text{konstant}.$$

Rücken die beiden Platten eines Kondensators immer weiter auseinander, schließlich wie bei Fig. (55), so erhält man einen offenen Schwingkreis (linearer Oszillator). Beim offenen Schwingkreis ist die Ausstrahlung besonders stark. Die erregte elektromagnetische Strahlung breitet sich mit der Geschwindigkeit:

$$c = \frac{1}{\sqrt{\varepsilon_0 \varepsilon_r \mu_0 \mu_r}}$$

in den Raum aus, wobei ε_r und μ_r die Materialkonstanten des Mediums bedeuten (vgl. Nr. 69; 73). Die Geschwindigkeit der Strahlung im Vakuum (Luft) ist:

$$c_0 = \frac{1}{\sqrt{\varepsilon_0 \mu_0}},$$

also gleich der Lichtgeschwindigkeit im Vakuum. Wegen $c = \nu \lambda$ ergibt sich für die Wellenlänge:

$$\lambda = 2\pi c \sqrt{LC}$$

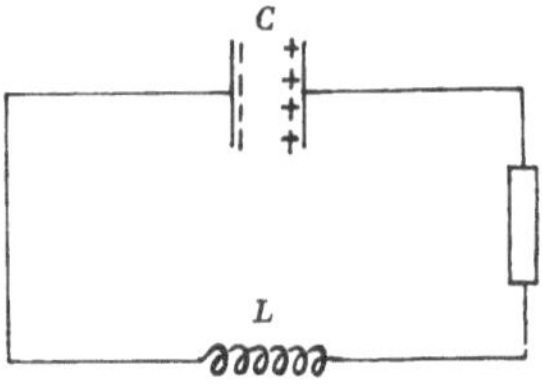

Fig. 54

Fig. 55

XIII. Kapitel. Elektronik

88. Selbständige und unselbständige Elektrizitätsleitung

I. *Selbständige Elektrizitätsleitung bei normalen und niedrigen Drucken.* Träger der Ladungen sind Elektronen und positiv und negativ geladene Ionen, die beim Entladungsvorgang in einer Röhre von selbst entstehen. Bei normalen Drucken treten in Erscheinung: Spitzen- und Koronaentladung, Bogen- und Funkenentladung. Bei Drucken um 0,5 Torr wird in einer

Entladeröhre die Glimmentladung beobachtet, die von der negativen Kathode nach der positiven Anode hin den Astonschen Dunkelraum, die Kathodenschicht, den Hittorfschen- oder Crookeschen Dunkelraum, den Glimmsaum, das negative Glimmlicht, den Faradayschen Dunkelraum, die positive Säule, den Scheitel der positiven Säule, das anodische Glimmlicht und den Anodendunkelraum zeigt. Bemerkenswert ist der Spannungsverlauf in der Röhre, insbesondere der Kathoden- und Anodenfall. Bei noch niedrigeren Drucken (10^{-3} bis 10^{-4} Torr), gehen von der Kathode schnelle Elektronen aus, die sogenannten Kathodenstrahlen, dazu durch die durchbohrte Kathode die Kanalstrahlen. Beim Auftreffen der schnellen Kathodenstrahlen auf ein metallisches Hindernis entstehen die Röntgenstrahlen (vgl. Nr. 88).

II. *Unselbständige Elektrizitätsleitung in Gasen.* Träger der Ladungen sind Ionen, die durch Röntgenstrahlen, Flammen-Gase, ultraviolettes Licht uud radioaktive Strahlung erzeugt werden.

84. Elektrizitätsleitung im Hochvakuum

I. Träger der Ladungen sind Elektronen und Ionen, die aus der Oberfläche von Metallen austreten. Die hierbei aufzuwendende Ablösearbeit W_a wird durch Anwendung starker elektrischer Felder, durch den lichtelektrischen Effekt, durch Sekundärelektronen, Ionenstoß und insbesondere durch den glühelektrischen Effekt geliefert. Für die Stromdichte J der auf die absolute Temperatur T gebrachten Kathode eines Glühkathodenrohrs (Triode) gilt die Gleichung von Richardson:

$$J = a\,T^2 e^{-\frac{b}{T}}$$

mit $b = e\,W_a/k$. W_a ist die Ablösearbeit für ein Elektron. Die Zahl der aus der Glühkathode austretenden Elektronen ist nur eine Funktion der Kathodentemperatur T und der Art und Beschaffenheit der Glühkathode, sie hängt aber nicht von der angelegten Anodenspannung ab (Fig. 56).

II. *Bewegungsgleichungen für freie Ladungsträger.* a) Bewegung im homogenen elektrischen Feld E. Liegt zwischen den Platten eines Kondensators die konstante Spannung U und hat das Elektron e die Masse m, so gelten für die Beschleunigung a und Geschwindigkeit v nach dem Durchlaufen der Spannung U die Gleichungen:

$$a = \frac{e}{m} E; \quad v = \sqrt{2 \frac{e}{m} U}.$$

Die Geschwindigkeit v ist proportional der Quadratwurzel der Spannung U und hängt nicht vom durchlaufenen Weg ab.

b) Bewegung im homogenen Magnetfeld H. Das Elektron bewegt sich auf einer kreisförmigen Bahn mit dem Bahnradius r und der Bahngeschwindigkeit v derart, daß gilt:

$$v = \frac{e}{m} r \mu_0 \mu_r H.$$

c) Bewegt sich ein Elektron senkrecht zu einem homogenen Magnetfeld der Kraftflußdichte B mit der Geschwindigkeit v, so wirkt auf dieses eine Kraft F senkrecht zu beiden Richtungen von der Größe:

$$F = veB, \text{ allgemeiner } \boldsymbol{F} = e(\boldsymbol{v} \times \boldsymbol{B}).$$

Diese Kraft heißt Lorentzkraft.

d) Durchläuft das Elektron ein homogenes elektrisches Feld E und unterliegt es gleichzeitig einem homogenen Magnetfeld H, das senkrecht zur Bewegungsrichtung des Elektrons gerichtet ist, so wird es auf eine Kreisbahn geführt, und zwar so, daß für die spezifische Ladung des Elektrons e/m gilt:

$$\frac{e}{m} = \frac{2U}{r^2 B}.$$

e) Bewegt sich das Elektron in einem transversalen elektrischen Feld E und hat es die Anfangsgeschwindigkeit v_0, so ist, wenn l die Kondensatorlänge, d der Abstand der parallelen Platten, y_0 die Ablenkung in Feldrichtung x_0 der Weg, den das Elektron parallel zu den Platten ohne Feld E zurücklegen würde, bedeuten:

$$y_0 = \frac{e}{m} \cdot \frac{U}{2\,d\,v_0^2}\,(2\,l\,x_0 - l^2).$$

f) Für die Umrechnung der kinetischen Energie in Elektronenvolt gilt:

$$eU = 1/2\,mv^2,$$

und es ist: 1 eV $= 1{,}6 \cdot 10^{-19}$ J $= 1{,}63 \cdot 10^{-20}$ kpm $= 4{,}45 \cdot 10^{-26}$ kWh.

XIV. Kapitel. Quanten- und Atomphysik

85. Dualismus von Welle und Korpuskel

I. Zwischen hochfrequentem Licht und Materie kann es zu Wechselwirkungen kommen, die durch Impuls- und Energiesatz der Mechanik beschrieben werden können. Das Licht zeigt nicht nur Wellencharakter, sondern durchaus auch Korpuskelcharakter (Dualismus von Welle und Korpuskel). Licht kann von den Atomen nur in diskreten Energiequanten $E_\nu = h\nu$ emittiert oder absorbiert werden, wobei das Plancksche Wirkungsquantum $h = 6{,}625 \cdot 10^{-34}$ Js für alle Frequenzen die Verknüpfung von Energie und Frequenz herstellt. Nach Einstein ist jeder Energie einer bestimmten Masse äquivalent, wonach die Lichtgeschwindigkeit c_0 in die Einsteinsche Gleichung:

$$E = mc_0^2$$

eingeht. Dem Lichtquant mit der Energie $E = h\nu$ ist daher die Masse $m = h/c_0\lambda$ und der Impuls $p = h/\lambda$ zuzuordnen. Die Umkehrung dieses Satzes spricht De Broglie aus: Jedem bewegten Körper der Masse m (also auch den Elektronen), der die Geschwindigkeit v hat, ist die Wellenlänge $\lambda = h/mv$ und der Impuls $p = h/\lambda$ zuzuschreiben.

II. *Photoeffekt.* Fällt kurzwelliges Licht auf eine Metallplatte, so werden aus ihrer Oberfläche Elektronen freigemacht, deren kinetische Energie durch die Gleichung:

$$\frac{m_0}{2}\,v^2 = h\nu - W_a$$

zu berechnen ist. m_0 ist die Ruhemasse, v die Geschwindigkeit des Elektrons, ν die Frequenz des eingestrahlten Lichtes (oder des Photons), h das Plancksche Wirkungsquantum. W_a ist die Ablösearbeit, die erforderlich ist, um die an die Atome gebundenen Elektronen zu lösen. Die Zahl der aus dem Metall ausgelösten Elektronen hängt nur von der Intensität des Lichtes ab, die kinetische Energie des Elektrons dagegen von der Frequenz ν des Lichtes.

III. *Comptoneffekt.* Trifft ein Lichtquant auf freie Elektronen, so erfährt es einen Energieverlust, der sich in einer Verringerung der Frequenz um $\Delta\nu$ bzw. in einer Vergrößerung der Wellenlänge um $\Delta\lambda$ zeigt. Das Lichtquant wird aus seiner anfänglichen Richtung abgelenkt. Bilden Bewegungsrichtung des Elektrons und Richtung des abgelenkten Lichtquants nach dem Stoß den Winkel ϑ, so wird:

$$\Delta\lambda = \frac{2h}{m\,c_0}\sin^2\frac{\vartheta}{2}$$

$\lambda_C = \dfrac{h}{m_e\,c} = 242{,}6\cdot 10^{-12}$ cm ist die Comptonwellenlänge.

86. Die Dreielektrodenröhre

a) Die erste Elektrode ist die Kathode, meist ein Glühdraht, der Elektronen aussendet; die zweite ist das Gitter, ein wendelförmiger Draht, der die Kathode als Achse hat; die dritte

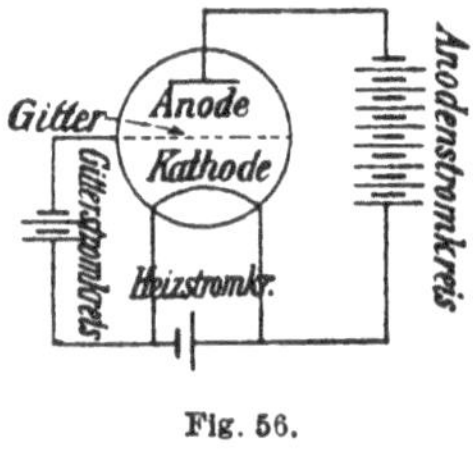

Fig. 56.

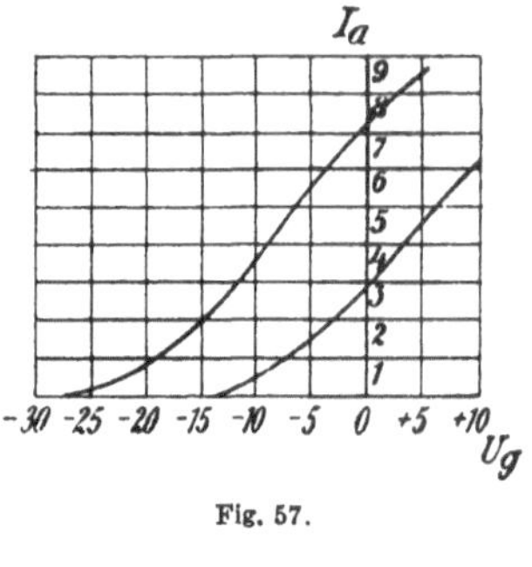

Fig. 57.

ist die Anode in Form eines Blechs, das die beiden anderen Elektroden umgibt. Am Gitter liegt eine Wechselspannung, an der Anode der positive Pol einer besonderen Batterie (Fig. 56).

b) Die Kennlinie (Charakteristik) gibt den funktionalen Zusammenhang z. B. zwischen Gitterspannung U_g und Anodenstrom I_a an (Fig. 57).

c) Emissionsstrom = Anodenstrom + Gitterstrom.

d) Steuerspannung = Gitterspannung + Durchgriff mal Anodenspannung.

$$\text{Durchgriff}\, D = -\frac{\text{Änderung der Gitterspannung}}{\text{Änderung der Anodenspannung}} = -\frac{\Delta U_g}{\Delta U_a}$$

bei konstantem Emissionsstrom.

e) Sättigungsspannung ist die Spannung, bei der keine Steigerung der Stromstärke mehr eintritt; der Strom geht bei der Sättigungsspannung in den Sättigungsstrom über.

f) Raumladungsgesetz von Langmuir und Schottky: Emissionsstrom = Konstante $\cdot\, U_e^{\frac{3}{2}}$ (U_e Emissionsspannung).

g) Steilheit $S = \frac{\text{Änderung des Anodenstroms}}{\text{Änderung der Gitterspannung}} = \frac{\Delta I_a}{\Delta U_g}$ bei konstanter Anodenspannung.

h) Innerer Widerstand

$$R_i = \frac{\text{Änderung der Anodenspannung}}{\text{Änderung des Anodenstroms}} = \frac{\Delta U_a}{\Delta I_a}$$

bei konstanter Gitterspannung.

i) $D \cdot S \cdot R_i = -1$ (Barkhausensche Röhrenformel)

k) „Ohmsches Gesetz der Vakuumröhre":

$$\Delta U_g = D \cdot \Delta I_a (R_i + R_a)\,,$$

wobei ΔU_g die Änderung der Gitterspannung, ΔI_a die Änderung des Anodenstroms, R_i den inneren Widerstand und R_a

den äußeren Widerstand des Anodenstromkreises bedeuten.

l) Güte G der Röhre $= \frac{\text{Steilheit}}{\text{Durchgriff}}$

87. Röntgenstrahlen

a) Die Röntgenstrahlen zeigen die Erscheinung der Beugung; sie sind keine Korpuskular-, sondern eine Wellenstrahlung.

b) Zwei Arten von Röntgenstrahlung: Die „Bremsstrahlung" liefert ein kontinuierliches Spektrum; bei wachsender Spannung verlagert sich der an Intensität maßgebende Wellenlängenbereich des kontinuierlichen Spektrums nach kleineren Wellenlängen hin. Die „Eigenstrahlung" liefert ein Linienspektrum, das von dem Material der Antikathode abhängig ist, und zerfällt in mehrere Liniengruppen, die K-, L-, M-Strahlung (usw.), von denen die K-Strahlung die kurzwelligste ist.

c) Bei den einzelnen Liniengruppen der Eigenstrahlung gilt (angenähert) das Gesetz von Moseley: Die Quadratwurzel aus der Wellenzahl ist proportional der Ordnungszahl des die Antikathode bildenden Elements im periodischen System der Elemente (vgl. Nr. 90).

d) Die Röntgenstrahlen zeigen den lichtelektrischen Effekt (den auch sichtbares Licht hervorruft), d. h., unter dem Einfluß der Wellenstrahlung entfernen sich Elektronen aus Metallen, es entsteht also Korpuskularstrahlung.

Umwandlungsgleichung: $eU = \frac{1}{2} mv^2 = h\nu$,

worin ν die Frequenz der auffallenden Strahlung, h die „Plancksche" Konstante (Nr. 91), v die Geschwindigkeit, e die Ladung, m die Masse des Elektrons, U die angelegte Röhrenspannung sind. Bei dem Übergang von Wellen- in Korpuskularstrahlung ist die Gleichung von rechts nach links zu lesen, bei der umgekehrten Umwandlung von links nach rechts.

88. Radioaktivität

Ia) Es gibt vier Umwandlungsreihen: Die Uran-Radium-, die Thorium-, die Aktinium- und die Neptunium-Reihe.

b) Von den natürlichen radioaktiven Stoffen gehen α-, β- oder γ-Strahlen aus. α-Strahlen sind doppelt positiv geladene Heliumkerne, β-Strahlen sind wesensgleich den Kathodenstrahlen (Elektronenstrahlen, β^--Strahlen), γ-Strahlen sind wesensgleich den Röntgenstrahlen.

c) Der radioaktive Zerfall ist unabhängig von Druck oder Temperatur, von dem Aggregatzustand und davon, ob der wirksame Stoff als Element oder als Salz vorhanden ist.

d) Durch die Konstitution des Atoms und nur durch diese ist eine gewisse Wahrscheinlichkeit dafür gegeben, daß ein beliebig herausgegriffenes Atom in einer beliebig herausgegriffenen Zeiteinheit zerfällt: Zerfallskonstante des Atoms. Die Anzahl der je Zeiteinheit zerfallenden Atome ist gleich der Zerfallskonstanten mal der Anzahl der jeweils vorhandenen Atome.

e) *Gesetz der radioaktiven Umwandlung*: Es seien N_0 und N die zur Zeit 0 und t vorhandenen Atomzahlen einer aktiven Substanz, λ die Zerfallskonstante, so gilt:

$$N = N_0 \cdot e^{-\lambda \cdot t}.$$

Die Umwandlungsgeschwindigkeit ist $\frac{\mathrm{d}N}{\mathrm{d}t} = -\lambda \cdot N$, d. h. proportional der noch nicht umgewandelten Substanz. Setzt man $\mathrm{e}^{\lambda} = q$, so ergibt sich:

$$N = N_0 \cdot q^{-t}.$$

Zur Zeit $t = 0, 1, 2, 3\ldots$ (in Sekunden) ist die Menge der noch nicht umgewandelten Substanz:

$$N_0, \frac{N_0}{q}, \frac{N_0}{q^2}, \frac{N_0}{q^3} \cdots \frac{N_0}{q^t} \text{ (geometrische Reihe).}$$

Nehmen wir jetzt $\vartheta = \frac{1}{\lambda}$, so gilt folgende Beziehung:

$$N = N_0 \cdot e^{-\frac{t}{\vartheta}}.$$

Für $t = \vartheta$ folgt:

$$N = \frac{N_0}{e} \approx 0{,}37\,N_0.$$

ϑ ist somit die Zeit, welche erforderlich ist, damit die vorhandene Substanz auf ca. 37% ihres Anfangswertes zurückgeht. ϑ heißt die mittlere Lebensdauer. Soll die Aktivität auf die Hälfte der ursprünglichen sinken, so lautet die Gleichung:

$$e^{-\lambda t} = \tfrac{1}{2},$$

woraus $t = 0{,}693\,\vartheta$ folgt. Diese Zeit heißt die Halbwertszeit.

f) Im Gleichgewichtszustand verhalten sich die Atomzahlen von Mutter- und Tochtersubstanz umgekehrt wie die zugehörigen Zerfallskonstanten.

g) *Radioaktive Verschiebungssätze*: I. Bei jedem radioaktiven Zerfall, der von α-Strahlung begleitet ist (α-Umwandlung), entsteht ein Produkt, dessen Stellenzahl im periodischen System (Nr. 90 c) um zwei Einheiten erniedrigt ist; das Element rückt um zwei Stellen nach links. Gleichzeitig nimmt sein Atomgewicht um vier Einheiten ab.

II. Bei den β^--Umwandlungen erhöht sich die Ordnungszahl (Nr. 90 b) um eine Einheit, das Element rückt um eine Stelle nach rechts. Das Atomgewicht ändert sich wegen der kleinen Masse des Elektrons nicht merklich.

III. Bei der γ-Strahlung (Wellenstrahlung im Gegensatz zur Teilchenstrahlung I und II) ändert sich nur der Energiehaushalt des Atomkerns, aber weder Ordnungszahl noch Masse.

h) *Künstliche Radioaktivität.* Bei der künstlichen Umwandlung von Atomkernen entstehen häufig keine stabilen, sondern instabile (radioaktive) Folgeprodukte. Bei diesen beobachtet man außer den bereits erwähnten Strahlenarten (Alpha-, Elektronen- und Gammastrahlen) auch eine Emission von Positronen, Neutronen und den sog. K-Einfang. Bei letzterem wird vom Atomkern ein Elektron aus der innersten Schale der Atomhülle (der K-Schale) eingefangen; den so freigewordenen Platz füllt ein Elektron aus einer äußeren Schale im Quantensprung (Nr. 91dδ) wieder aus. Hierbei entsteht eine Röntgen-K-Strahlung (Nr. 88 b).

Bei Positronenstrahlung (β^+-Strahlung) sinkt die Ordnungszahl um 1 Einheit, und die Masse bleibt wie bei Elektronenstrahlung (β^--Strahlung) praktisch unverändert; bei Neutronenstrahlung ändert sich nur die Masse um 1 Einheit, nicht aber die Ordnungszahl; beim K-Einfang sinkt die positive Ladung des Atomkerns und damit die Ordnungszahl um 1 Einheit, aber die Masse bleibt unverändert.

i) *Der Kernphotoeffekt.* Ähnlich dem lichtelektrischen oder Photoeffekt (Nr. 86), bei dem durch Lichtquanten (γ-Quanten) aus einer Metallschicht „Photoelektronen" abgelöst werden, kennt man auch einen Kernphotoeffekt. Bei diesem werden aus dem Atomkern durch γ-Quanten hinreichender Energie Neutronen, Protonen, α-Teilchen, Mesonen u. a., sogenannte „Photoneutronen", „Photoprotonen" (usw.) herausgeschlagen.

k) *Transurane.* Durch Beschuß von Atomkernen mit Teilchen hoher Energie, wie sie die modernen Beschleunigungsanlagen (Zyklotron, Synchrotron, Kosmotron usw.) liefern, sind Elemente jenseits des Urans (Ordnungszahl 92, Tafel 90 c) künstlich aufgebaut worden. Man bezeichnet diese als Transurane: Neptunium Np (Ordnungszahl 93), Plutonium Pu (94), Americium Am (95), Curium Cm (96), Berkelium Bk (97), Californium Cf (98), Einsteinium Es (99), Fermium Fm (100), Mendelevium Md (101), Nobelium No (102), Lawrencium Lw (103). Sie sind sämtlich radioaktiv.

89. Atombau und Atomumwandlung. Periodisches System der Elemente

a) Jedes Atom besitzt einen positiv geladenen Kern von sehr kleiner Ausdehnung (Größenordnung 10^{-13} cm), in dem praktisch die ganze Masse des Atoms vereinigt ist, und um den Kern herum eine Anzahl Elektronen, die in geschlossenen Bahnen sehr rasch um den Kern „kreisen". Die Anzahl der Elektronen in der Hülle ist gleich der Anzahl der positiven Ladungen des Kernes.

b) Die Kernladungszahl ist auch gleich der Ordnungszahl oder Atomnummer, d. i. die Zahl, welche die Stellung des Elements im periodischen System angibt; z. B. bedeutet für Natrium die Ordnungszahl $Z = 11$, daß der Natriumkern 11 positive elektrische Elementarladungen enthält, um den

11 Elektronen in der Hülle kreisen (dabei ist von der Struktur des Kerns abgesehen).

c) Tafel des periodischen Systems mit Ordnungszahlen, chemischen Symbolen und Atomgewichten (siehe Tabelle).

d) Elementarteilchen. Diese faßt man in drei Gruppen zusammen:

I. Die Leptonen oder leichten Teilchen (Elektron, e-Neutrino, μ-Neutrino, Myon und ihre Antiteilchen). Dazu das Photon.

II. Die Mesonen oder mittleren Teilchen (von großer Zahl).

III. Die Baryonen oder schweren Teilchen; hierzu gehören die Nukleonen (Proton, Neutron) und ihre Antiteilchen sowie die Hyperonen und deren Antiteilchen.

e) Die Atomkerne bestehen nach Heisenberg aus Protonen und Neutronen.

Die Kernladungszahl Z ist identisch mit der Zahl der Protonen im Kern. Ist N die Zahl der Neutronen im Kern, so ist

$$A = Z + N$$

die Gesamtzahl der Kernbausteine; sie ist identisch mit der Massenzahl des Kerns. Durch die Angabe von Z und N ist jeder Kern, abgesehen von seinem Energie-Inhalt, vollkommen gekennzeichnet.

f) Isotope Atome sind Atome derselben Kernladung (Ordnungszahl), aber verschiedener Kernmasse; isobare Atome sind umgekehrt Atome gleicher Kernmasse, aber verschiedener Kernladung; bei isomeren Atomen sind Kernmasse und Kernladung gleich, aber die Energieverhältnisse im Atomkern verschieden.

g) Die Masse m eines Nuklids ist nicht gleich der Summe der Protonenmassen $Z \cdot m_p$ und der Neutronenmasse $N \cdot m_n$, sondern um den Betrag Δm zu klein. Δm heißt Massendefekt des Nuklids und es ist: $m = Z \cdot m_p + N \cdot m_n - \Delta m$. Diesem Massenverlust entspricht ein Energieverlust: $\Delta E = \Delta m\, c_0^2$. Bemerkung: Mißt man, wie in der Atomphysik üblich, die

Massen in Vielfachen der atomaren Masseneinheit 1 u (1 u = = $1{,}66 \cdot 10^{-24}$ g), die Energie in Elektronenvolt MeV (1 MeV = = $1{,}602 \cdot 10^{-6}$ erg), so ergibt sich für die Umrechnung die Zahlenwertgleichung:

$$\{\Delta E\} = \{\Delta m\} \cdot 0{,}931 \cdot 10^{13}$$

Liste der chemischen Elemente

1	Wasserstoff	H	35	Brom	Br	69	Thulium	Tm
2	Helium	He	36	Krypton	Kr	70	Ytterbium	Yb
3	Lithium	Li	37	Rubidium	Rb	71	Lutetium	Lu
4	Beryllium	Be	38	Strontium	Sr	72	Hafnium	Hf
5	Bor	B	39	Yttrium	Y	73	Tantal	Ta
6	Kohlenstoff	C	40	Zirkonium	Zr	74	Wolfram	W
7	Stickstoff	N	41	Niob	Nb	75	Rhenium	Re
8	Sauerstoff	O	42	Molybdän	Mo	76	Osmium	Os
9	Fluor	F	43	Technetium	Tc	77	Iridium	Ir
10	Neon	Ne	44	Ruthenium	Ru	78	Platin	Pt
11	Natrium	Na	45	Rhodium	Rh	79	Gold	Au
12	Magnesium	Mg	46	Palladium	Pd	80	Quecksilber	Hg
13	Aluminium	Al	47	Silber	Ag	81	Thallium	Tl
14	Silicium	Si	48	Cadmium	Cd	82	Blei	Pb
15	Phosphor	P	49	Indium	In	83	Wismut	Bi
16	Schwefel	S	50	Zinn	Sn	84	Polonium	Po
17	Chlor	Cl	51	Antimon	Sb	85	Astatin	At
18	Argon	Ar	52	Tellur	Te	86	Radon	Rn
19	Kalium	K	53	Jod	J	87	Francium	Fr
20	Calcium	Ca	54	Xenon	Xe	88	Radium	Ra
21	Scandium	Sc	55	Caesium	Cs	89	Actinium	Ac
22	Titan	Ti	56	Barium	Ba	90	Thorium	Th
23	Vanadium	V	57	Lanthan	La	91	Protactinium	Pa
24	Chrom	Cr	58	Cer	Ce	92	Uran	U
25	Mangan	Mn	59	Praseodym	Pr	93	Neptunium	Np
26	Eisen	Fe	60	Neodym	Nd	94	Plutonium	Pu
27	Cobalt	Co	61	Promethium	Pm	95	Americium	Am
28	Nickel	Ni	62	Samarium	Sm	96	Curium	Cm
29	Kupfer	Cu	63	Europium	Eu	97	Berkelium	Bk
30	Zink	Zn	64	Gadolinium	Gd	98	Californium	Cf
31	Gallium	Ga	65	Terbium	Tb	99	Einsteinium	Es
32	Germanium	Ge	66	Dysprosium	Dy	100	Fermium	Fm
33	Arsen	As	67	Holmium	Ho	101	Mendelevium	Md
34	Selen	Se	68	Erbium	Er	102	Nobelium	No
						103	Lawrencium	Lw

g) Im Atomkern spielen sich alle Prozesse ab, die über die Natur des Stoffes, seinen Aufbau und Zerfall, entscheiden; dagegen verbleibt man bei allen chemischen sowie spektroskopischen Prozessen im Bereich der Atomhülle.

h) Bei der *Kernspaltung* (Fission) handelt es sich um die Zerlegung eines schweren Atomkerns in mehrere Tochterkerne, bei der *Kernverschmelzung* (Fusion) dagegen um den Aufbau eines schwereren Kerns (etwa von Helium) aus leichteren Kernen (z. B. Wasserstoff). Bei beiden Prozessen werden erhebliche Energiebeträge frei.

90. Bohrsche Sätze. Wasserstoffatom

a) *Hypothese der Lichtquanten*: Strahlungsenergie jeder Frequenz ν kann nur nach Vielfachen eines elementaren Energiequantums $\varepsilon = h\nu$ emittiert oder absorbiert werden. h ist das Plancksche Wirkungsquantum:

$$h = 6{,}625 \cdot 10^{-27} \text{ ergs}$$

b) I. *Bohrscher Satz* (von der Stabilität des Atoms): Ein Atomsystem kann und kann nur dauernd Bestand haben in einer gewissen Reihe von Zuständen, die einer diskreten Reihe seiner Energiewerte entspricht, und folglich findet jede Änderung der Systemenergie, die Emission und Absorption von elektromagnetischer Strahlung einbegriffen, nur bei einem vollständigen Übergang von einem solchen Zustand zu einem andern statt. Diese Zustände sollen als die stationären Zustände des Systems bezeichnet werden.

c) II. *Bohrscher Satz* (von der Schärfe der Spektrallinien): Die Strahlung, die bei einem Übergang von einem stationären Zustand zu einem andern absorbiert oder emittiert wird, ist monochromatisch und besitzt eine Frequenz ν, die durch die Beziehung

$$E_m - E_n = h\nu \quad (\text{m} > \text{n bei Emission})$$

gegeben ist, wobei h die Plancksche Konstante bedeutet und E_m und E_n die Werte der Energie für die beiden betrachteten Zustände sind.

d) *Wasserstoffatommodell.* Ein Elektron von der Ladung e und der Masse m bewegt sich in Kreisbahnen um den Kern:

α) Das Elektron kann sich nur auf bestimmten Kreisbahnen bewegen, deren Halbmesser r_n, Geschwindigkeit v_n und Energie E_n für die n-te Bahn der Reihe nach die Darstellung haben:

$$r_n = \varepsilon_0 \frac{h^2}{\pi e^2 m} \cdot n^2; \; v_n = \frac{1}{2\varepsilon_0} \cdot \frac{e^2}{h} \cdot \frac{1}{n};$$

$$E_n = -\frac{1}{8} \frac{e^4 m}{\varepsilon_0^2 h^2} \cdot \frac{1}{n^2}.$$

Bei E_n steht ein Minus-Zeichen, da mit größer werdendem n(n = 1, 2, 3, 4, ...) die Energie zunehmen soll. Es ist $\varepsilon_0 = 8{,}854 \cdot 10^{-12}$ C/Nm; $h = 6{,}625 \cdot 10^{-34}$ Js, $e = 1{,}602 \cdot 10^{-19}$ C, $m = 9{,}108 \cdot 10^{-31}$ kg.

β) Beim Übergang von dem m-ten zu dem n-ten stationären Zustand wird Licht der Frequenz ν ausgestrahlt, die ist:

$$\nu = \frac{e^4 m}{8 \varepsilon_0^2 h^3} \left(\frac{1}{n^2} - \frac{1}{m^2} \right).$$

γ) In der Spektroskopie verwendet man statt der Frequenz ν die Wellenzahl (Zahl der Wellen auf 1 m Länge)

$$\sigma = \frac{e^4 m}{8 \varepsilon_0^2 h^3 c} \left(\frac{1}{n^2} - \frac{1}{m^2} \right) = R \left(\frac{1}{n^2} - \frac{1}{m^2} \right).$$

Der Faktor $R = e^4 m / 8 \varepsilon_0^2 h^3 c$ heißt Rydberg-Konstante. Diese ist $R = 10\,973\,730{,}9$/m, $T_m = R/m^2$ heißt Laufterm, $T_n = R/n^2$ heißt Festterm (Balmerformel des Wasserstoffatoms).

δ) Die vier ersten Linien des Wasserstoffspektrums kommen dadurch zustande, daß ein Elektron von der 3., 4., 5., 6. Bahn auf die 2. Bahn springt; die rote Wasserstofflinie H_α entsteht also durch den Übergang eines Elektrons von der dritten Bahn auf die zweite, die grüne Linie H_β durch den Übergang von der vierten Bahn auf die zweite usw. (Fig. 58). Dieses ursprüngliche Schema hat einen

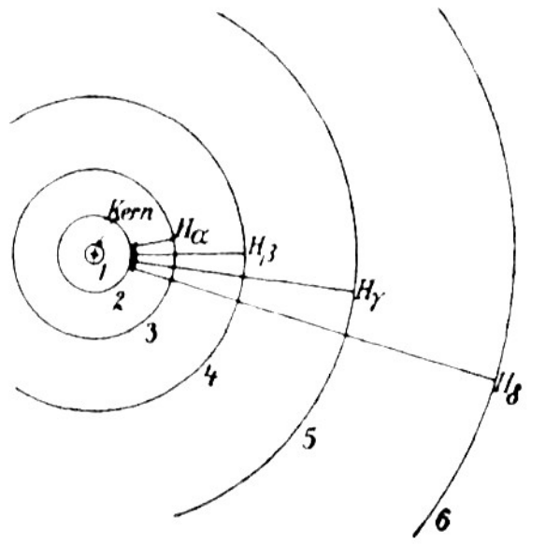

Fig. 58

Tabelle des periodischen Systems der Elemente mit C = 12,0000 als Atomgewichtsbasis

Periode	Gruppe I a	Gruppe I b	Gruppe II a	Gruppe II b	Gruppe III a	Gruppe III b	Gruppe IV a	Gruppe IV b	Gruppe V a	Gruppe V b	Gruppe VI a	Gruppe VI b	Gruppe VII a	Gruppe VII b	Gruppe VIII a	Gruppe VIII b
1	1 H 1,00797															2 He 4,0026
2	3 Li 6,939		4 Be 9,0122			5 B 10,811		6 C 12,011		7 N 14,007		8 O 15,9994		9 F 18,9984		10 Ne 20,183
3	11 Na 22,990		12 Mg 24,312			13 Al 26,982		14 Si 28,086		15 P 30,974		16 S 32,064		17 Cl 35,453		18 Ar 39,948
4	19 K 39,102	29 Cu 63,54	20 Ca 40,08	30 Zn 65,37	21 Sc 44,956	31 Ga 69,72	22 Ti 47,90	32 Ge 72,59	23 V 50,942	33 As 74,922	24 Cr 51,996	34 Se 78,96	25 Mn 54,938	35 Br 79,909	26 Fe 27 Co 28 Ni 55,847 58,933 58,71	36 Kr 83,80
5	37 Rb 85,47	47 Ag 107,87	38 Sr 87,62	48 Cd 112,40	39 Y 88,905	49 In 114,82	40 Zr 91,22	50 Sn 118,69	41 Nb 92,906	51 Sb 121,75	42 Mo 95,94	52 Te 127,60	43 Tc (97)	53 J 126,90	44 Ru 45 Rh 46 Pd 101,07 102,90 106,4	54 Xe 131,30
6	55 Cs 132,90	79 Au 196,97	56 Ba 137,34	80 Hg 200,59	57 – 71 s. u. *)	81 Tl 204,37	72 Hf 178,49	82 Pb 207,19	73 Ta 180,95	83 Bi 208,98	74 W 183,85	84 Po (209)	75 Re 186,2	85 At (210)	76 Os 77 Ir 78 Pt 190,2 192,2 195,09	86 Rn (222)
7	87 Fr (223)		88 Ra (226)		89 – 103 s. u. **)											

*) Lanthaniden (Seltene Erden)

57 La	58 Ce	59 Pr	60 Nd	61 Pm	62 Sm	63 Eu	64 Gd	65 Tb	66 Dy	67 Ho	68 Er	69 Tm	70 Yb	71 Lu
138,91	140,12	140,91	144,24	(145)	150,35	151,96	157,25	158,92	162,50	164,93	167,26	168,93	173,04	174,97

**) Actiniden

89 Ac	90 Th	91 Pa	92 U	93 Np	94 Pu	95 Am	96 Cm	97 Bk	98 Cf	99 Es	100 Fm	101 Md	102 No	103 Lw
(227)	232,04	(231)	238,03	(237)	(244)	(243)	(247)	(247)	(251)	(254)	(253)	(256)	(253 ?)	(257 ?)

sehr weitgehenden Ausbau erfahren; wegen der Einzelheiten sei auf die eingangs angegebene Literatur verwiesen.

ε) Heisenbergsche Unschärferelation. Hat das Produkt von zwei meßbaren Größen a und b die Dimension einer Wirkung (Arbeit mal Zeit), so geht die Messung der einen Größe a um eine Ungenauigkeit Δa auf Kosten der Genauigkeit der zu a komplementären anderen Größe b derart, daß stets gilt:

$$\Delta a \cdot \Delta b \geqq h.$$

Wird diese Relation auf die Impuls- und Ortsangabe sowie auf die Energie und Zeitangabe eines Elektrons angewendet, so gilt:

$$m \, \Delta v \cdot \Delta x \geqq h \text{ und } \Delta E \, \Delta t \geqq h$$

91. Relativitätstheorie

a) Es ist unmöglich, eine gleichförmige Bewegung des Bezugssystems durch optische oder elektrodynamische Messungen innerhalb des Bezugssystems nachzuweisen.

b) *Prinzip von der Konstanz der Lichtgeschwindigkeit.* Wenn das Licht einmal die Lichtquelle verlassen hat, breitet es sich nach allen Richtungen mit der gleichen Geschwindigkeit aus.

c) *Lorentztransformationen.* Die Koordinaten x, y, z, t gehören dem einen, x', y', z', t' dem andern System an, c ist die Lichtgeschwindigkeit, v die Relativgeschwindigkeit beider Systeme, ferner ist zur Abkürzung $\beta = \frac{v}{c}$ gesetzt; dann gilt:

$$x' = \frac{x - vt}{\sqrt{1-\beta^2}}, \quad y' = y, \quad z' = z, \quad t' = \frac{t - \frac{v}{c^2} x}{\sqrt{1-\beta^2}}.$$

d) Folgerungen aus den Lorentztransformationen:

1. Ein mit der Geschwindigkeit v bewegter Stab von der Länge l erscheint auf den Wert $l \sqrt{1-\beta^2}$ verkürzt.

2. Die Lichtgeschwindigkeit stellt eine obere Grenze für alle Geschwindigkeiten dar, die mit einem Energietransport verknüpft sind.

3. Zwei Geschwindigkeiten, die in verschiedenen Systemen gemessen sind, setzen sich nicht additiv zusammen.

4. Die Masse ist mit der Geschwindigkeit veränderlich; es gilt:

$$m = m_0 : \sqrt{1 - \beta^2},$$

wobei m_0 die Ruhmasse bedeutet.

Register

Sammlung Göschen

Gesamtverzeichnis

Jeder Band DM 3,60 · Doppelband DM 5,80
Dreifachband DM 7,80

Herbst 1967

Walter de Gruyter & Co · Berlin 30

Die Bände der **Sammlung Göschen** vermitteln in konzentrierter Form den grundlegenden Stoff für das Studium der einzelnen wissenschaftlichen Disziplinen. Sie sind nicht nur Hilfsmittel für die Arbeit an Universitäten und Hochschulen, sondern auch vorzüglich geeignet für Fachschulen, Arbeitskreise und zum Selbststudium. Die Fülle des Materials hat sich besonders für die Vorbereitung zu Examina und Prüfungen bewährt. Auch eine schnelle Orientierung geht hier niemals auf Kosten der Gründlichkeit.

Inhaltsübersicht

Geisteswissenschaften

Philosophie

Einführung in die Philosophie von H. Leisegang†. 6. Aufl. 146 S. 1966. (281)

Hauptprobleme der Philosophie von G. Simmel†. 8., unveränd. Aufl. 177 S. 1964. (500)

Geschichte der Philosophie
I: Die griechische Philosophie von W. Capelle. 1. Tl. Von Thales bis Leukippos. 3., erw. Aufl. Etwa 135 S. In Vorb. (857)
II: Die griechische Philosophie von W. Capelle. 2. Tl. Von der Sophistik bis zum Tode Platons. 3., stark erw. Aufl. Etwa 144 S. In Vorb. (858)
III: Die griechische Philosophie von W. Capelle. 3. Tl. Vom Tode Platons bis zur Alten Stoa. 2., stark erw. Aufl. 132 S. 1954. (859)
IV: Die griechische Philosophie von W. Capelle. 4. Tl. Von der Alten Stoa bis zum Eklektizismus im 1. Jh. v. Chr. 2., stark erw. Aufl. 132 S. 1954. (863)
V: Die Philosophie des Mittelalters von J. Koch. In Vorb. (826)
VI: Von der Renaissance bis Kant von K. Schilling. 234 S. 1954. (394/394a)
VII: Immanuel Kant von F. Kaulbach. In Vorb. (536)
VIII: Die Philosophie des 19. Jahrhunderts von G. Lehmann. 1. Tl. 151 S. 1953. (571)
IX: Die Philosophie des 19. Jahrhunderts von G. Lehmann. 2. Tl. 168 S. 1953. (709)
X: Die Philosophie im ersten Drittel des 20. Jahrhunderts 1. Tl. von G. Lehmann. 128 S. 1957 (845)
XI: Die Philosophie im ersten Drittel des 20. Jahrhunderts 2. Tl. von G. Lehmann. 114 S. 1960. (850)

Die geistige Situation der Zeit (1931) von K. Jaspers. 6. Abdr. der im Sommer 1932 bearb. 5. Aufl. 211 S. 1965. (1000)

Formale Logik von P. Lorenzen. 3., durchges. u. erw. Aufl. 184 S. 1967. (1176/1176a)

Philosophisches Wörterbuch von M. Apel†. 5., völl. neu bearb. Aufl. von P. Ludz. 315 S. 1958. (1031/1031a)

Philosophische Anthropologie. Menschliche Selbstdeutung in Geschichte und Gegenwart von M. Landmann. 2., durchges. Aufl. 223 S. 1964. (156/156a)

Pädagogik, Psychologie, Soziologie

Geschichte der Pädagogik von Herm. Weimer. 17., neubearb. Aufl. von Heinz Weimer 205 S. 1967. (145/145a)

Therapeutische Psychologie. Ihr Weg durch die Psychoanalyse von W. M. Kranefeldt M. e. Einf. von C. G. Jung. 3. Aufl. 152 S. 1956. (1034)

Allgemeine Psychologie von Th Erismann†. 4 Bde.
- I: Grundprobleme. 3. Aufl. 146 S. 1965. (831)
- II: Grundarten des psychischen Geschehens. 2., neubearb. Aufl. 248 S. 1959. (832/832a)
- III: Experimentelle Psychologie und ihre Grundlagen. 1. Tl. 2., neubearb. Aufl. 112 S., 7 Abb. 1962. (833)
- IV: Experimentelle Psychologie und ihre Grundlagen. 2. Tl. 2., neubearb. Aufl 199 S. 20 Abb. 1962. (834/834a)

Soziologie. Geschichte und Hauptprobleme von L. von Wiese. 8. Aufl. 183 S. 1967. (101/101a)

Ideengeschichte der sozialen Bewegung des 19. und 20. Jh. von W. Hofmann. 2. Aufl. In Vorb (1205/1205a)

Sozialpsychologie von P.R. Hofstätter. 3. Aufl. 191 S., 18 Abb. 1967. (104/104a)

Psychologie des Berufs und Wirtschaftslebens von W. Moede†. 190 S. 48 Abb. 1958. (851/851a)

Industrie- und Betriebssoziologie von R. Dahrendorf. 4. Aufl. 142 S., 3 Fig. 1967 (103)

Wirtschaftssoziologie von F. Fürstenberg. 122 S. 1961. (1193)

Einführung in die Sozialethik von H.-D. Wendland. 144 S. 1963. (1203)

Religion

Jesus von M. Dibelius†. 4. Aufl. m. e. Nachtr. von W. G. Kümmel. 140 S. 1966. (1130)

Paulus von M. Dibelius†. Nach dem Tode des Verf. hrsg. u. zu Ende gef. von W. G. Kümmel. 3., durchges. Aufl. 156 S. 1964. (1160)

Luther von F. Lau. 2., verb. Aufl. 153 S. 1966. (1187)

Melanchthon von R. Stupperich. 139 S. 1960. (1190)

Zwingli von F. Schmidt-Clausing. 119 S. 1965. (1219)

Schleiermacher. Leben und Werk von M. Redeker. In Vorb. (1177/1177a)

Sören Kierkegaard. Leben u. Werk von H. Gerdes. 134 S. 1966. (1221)

Einführung in die Konfessionskunde der orthodoxen Kirchen von K. Onasch. 291 S. 1962. (1197/1197a)

Geschichte des christlichen Gottesdienstes von W. Nagel. 215 S. 1962. (1202/1202a)

Geschichte Israels. Von den Anfängen bis zur Zerstörung des Tempels (70 n. Chr.) von E. L. Ehrlich. 2. Aufl. In Vorb. (231/231 a)

Römische Religionsgeschichte von F. Altheim. 2 Bde. 2., umgearb. Aufl.
I: Grundlagen und Grundbegriffe. 116 S. 1956. (1035)
II: Der geschichtliche Ablauf. 164 S. 1956. (1052)

Die Religion des Buddhismus von D. Schlingloff. 2 Bde.
I: Der Heilsweg des Mönchstums. 122 S., 11 Abb., 1 Kte. 1962. (174)
II: Der Heilsweg für die Welt. 129 S., 9 Abb., 1 Kte. 1963. (770)

Musik

Musikästhetik von H. J. Moser. 180 S. M. zahlr. Notenbeisp. 1953. (344)

Systematische Modulation von R. Hernried. 2. Aufl. 136 S. M. zahlr. Notenbeisp. 1950. (1094)

Der polyphone Satz von E. Pepping. 2 Bde.
I: Der cantus-firmus-Satz. 2. Aufl. 233 S. Mit zahlr. Notenbeisp. 1950. (1148)
II: Übungen im doppelten Kontrapunkt und im Kanon. 137 S. M. zahlr. Notenbeisp. 1957. (1164/1164 a)

Allgemeine Musiklehre von H. J. Moser. 2., durchges. Aufl. 155 S. M. zahlr. Notenbeisp. 1955. (220/220 a)

Harmonielehre von H. J. Moser. 2 Bde.
I: 109 S. M. 120 Notenbeisp. 1954. (809)
II: In Vorb. (810)

Die Musik des 19. Jahrhunderts von W. Oehlmann. 180 S. 1953. (170)

Die Musik des 20. Jahrhunderts von W. Oehlmann. 312 S. 1961. (171/171 a)

Technik der deutschen Gesangskunst von H. J. Moser. 3., durchges. u. verb. Aufl. 144 S., 5 Fig., sowie Tab. u. Notenbeisp. 1954. (576/576 a)

Die Kunst des Dirigierens von H. W. von Waltershausen†. 2., verm. Aufl. 138 S. M. 19 Notenbeisp. 1954. (1147)

Die Technik des Klavierspiels aus dem Geiste des musikalischen Kunstwerkes von K. Schubert†. 3. Aufl. 110 S. M. Notenbeisp. 1954. (1045)

Kunst

Stilkunde von H. Weigert. 2 Bde.
I: Vorzeit, Antike, Mittelalter. 4. Aufl. Etwa 136 S., 94 Abb. In Vorb. (80)
II: Spätmittelalter und Neuzeit. 3., durchges. u. erg. Aufl. 150 S., 88 Abb. 1958. (781)

Archäologie von A. Rumpf. 3 Bde.
I: Einleitung, historischer Überblick. 143 S., 6 Abb., 12 Taf. 1953. (538)
II: Die Archäologensprache. Die antiken Reproduktionen. 136 S., 7 Abb., 12 Taf. 1956. (539)
III: In Vorb. (540)

Geschichte

Einführung in die Geschichtswissenschaft von P. Kirn. 5., bearb. u. erg. Aufl. von J. Leuschner. 127 S. 1968. (270/270a)

Einführung in die Zeitgeschichte von B. Scheurig. 101 S. 1962. (1204)

Zeitrechnung der römischen Kaiserzeit, des Mittelalters und der Neuzeit für die Jahre 1—2000 n. Chr. von H. Lietzmann†. 3. Aufl., durchges. von K. Aland. 130 S. 1956. (1085)

Kultur der Urzeit von F. Behn. 3 Bde. 4. Aufl. der Kultur der Urzeit Bd. 1—3 von M. Hoernes.
I: Die vormetallischen Kulturen. (Die Steinzeiten Europas. Gleichartige Kulturen in anderen Erdteilen.) 172 S., 48 Abb. 1950. (564)
II: Die älteren Metallkulturen. (Der Beginn der Metallbenutzung, Kupfer- und Bronzezeit in Europa, im Orient und in Amerika.) 160 S., 67 Abb. 1950. (565)
III: Die jüngeren Metallkulturen. (Das Eisen als Kulturmetall, Hallstatt-Latène-Kultur in Europa. Das erste Auftreten des Eisens in den anderen Weltteilen.) 149 S. 60 Abb. 1950. (566)

Vorgeschichte Europas von F. Behn. Neuaufl. In Vorb. (42)

Der Eintritt der Germanen in die Geschichte von J. Haller†. 3. Aufl., durchges. von H. Dannenbauer. 120 S. 6 Kartensk. 1957. (1117)

Von den Karolingern zu den Staufern. Die altdeutsche Kaiserzeit (900—1250) von I Haller†. 5., durchges. Aufl. von H. Dannenbauer. 142 S., 4 Ktn. 1968. In Vorb. (1065)

Von den Staufern zu den Habsburgern. Auflösung des Reichs und Emporkommen der Landesstaaten (1250—1519) von J. Haller†. 2., durchges. Aufl. von H. Dannenbauer 118 S., 6 Kartensk. 1960. (1077)

Deutsche Geschichte im Zeitalter der Reformation, der Gegenreformation und des dreißigjährigen Krieges von F. Hartung. 2., durchges. Aufl. 128 S. 1963. (1105)

Deutsche Geschichte von 1648—1740. Politischer und geistiger Wiederaufbau von W. Treue. 120 S. 1956 (35)

Deutsche Geschichte von 1713—1806. Von der Schaffung des europäischen Gleichgewichts bis zu Napoleons Herrschaft von W. Treue. 168 S. 1957. (39)

Deutsche Geschichte von 1806—1890. Vom Ende des alten bis zur Höhe des neuen Reiches von W. Treue. 128 S 1961 . (893)

Deutsche Geschichte von 1890 bis zur Gegenwart von W. Treue. In Vorb. (894)

Quellenkunde der Deutschen Geschichte im Mittelalter (bis zur Mitte des 15. Jahrhunderts) von K. Jacob† 3 Bde.
I: Einleitung Allgemeiner Teil. Die Zeit der Karolinger. 6. Aufl., bearb. von H. Hohenleutner. 127 S. 1959. (279)
II: Die Kaiserzeit (911—1250). 5. Aufl., neubearb. von H. Hohenleutner. 141 S. 1961. (280)

III: Das Spätmittelalter (vom Interregnum bis 1500). Hrsg. von F. Weden. 152 S. 1952. (284)

Geschichte Englands von H. Preller. 2 Bde.
I: bis 1815. 4., erw. Aufl. Etwa 135 S., 7 Stammtaf., 2 Ktn. 1967. (375/375a)
II: Von 1815 bis 1910. 2., völl. umgearb. Aufl. 118 S., 1 Stammtaf., 7 Ktn. 1954. (1088)

Römische Geschichte von F. Altheim. 4 Bde. 2., verb. Aufl.
I: Bis zur Schlacht bei Pydna (168 v. Chr.). 124 S. 1956. (19)
II: Bis zur Schlacht bei Actium (31 v. Chr.). 129 S. 1956. (677)
III: Bis zur Schlacht an der Milvischen Brücke (312 n. Chr.). 148 S. 1958. (679)
IV: Bis zur Schlacht am Yarmuk (636 n. Chr.). In Vorb. (684)

Geschichte der Vereinigten Staaten von Amerika von O. Graf zu Stolberg-Wernigerode. 192 S., 10 Ktn. 1956. (1051/1051a)

Deutsche Sprache und Literatur

Geschichte der deutschen Sprache von H. Sperber. 5., neubearb. Aufl. von P. von Polenz. 136 S. 1966. (915)

Deutsches Rechtschreibungswörterbuch von M. Gottschald†. 2., verb. Aufl. 269 S. 1953. (200/200a)

Deutsche Wortkunde. Kulturgeschichte des deutschen Wortschatzes von A. Schirmer. 5. Aufl. von W. Mitzka. 125 S. 1965. (929)

Deutsche Sprachlehre von W. Hofstaetter. 10. Aufl. Völl. Umarb. der 8. Aufl. 150 S. 1960. (20)

Stimmkunde für Beruf, Kunst und Heilzwecke von H. Biehle. 111 S. 1955. (60)

Redetechnik. Einführung in die Rhetorik von H. Biehle. 2., erw. Aufl. 151 S. 1961. (61)

Grundlagen der Sprecherziehung von J. Jesch. 93 S., 8 Abb. 1967. (1122)

Deutsches Dichten und Denken von der germanischen bis zur staufischen Zeit von H. Naumann†. (Deutsche Literaturgeschichte vom 5.—13. Jahrhundert.) 3., verb. Aufl. In Vorb. (1121)

Deutsches Dichten und Denken vom Mittelalter zur Neuzeit von G. Müller (1270 bis 1700). 3., durchges. Aufl. In Vorb. (1086)

Deutsches Dichten und Denken von der Aufklärung bis zum Realismus (Deutsche Literaturgeschichte von 1700—1890) von K. Viëtor†. 3., durchges. Aufl. 159 S. 1958. (1096)

Deutsche Heldensage von H. Schneider. 2. Aufl., bearb. von R. Wisniewski. 148 S. 1964. (32)

Der Nibelunge Nôt in Auswahl. Mit kurzem Wörterbuch hrsg. von K. Langosch. 11., durchges. Aufl. 166 S. 1966. (1)

Kudrun und Dietrich-Epen in Auswahl mit Wörterbuch von O. L. Jiriczek. 6. Aufl., bearb. von R. Wisniewski. 173 S. 1957. (10)

Wolfram von Eschenbach, Parzifal. Eine Auswahl mit Anmerkungen und Wörterbuch von H. Jantzen. 3. Aufl., bearb. von H. Kolb. 128 S. 1966. (921)

Hartmann von Aue. Der arme Heinrich nebst einer Auswahl aus der „Klage" dem „Gregorius" und den Liedern (mit einem Wörterverzeichnis) hrsg. von F. Maurer. 2. Aufl. 96 S. 1968. Im Druck. (18)

Gottfried von Straßburg. Tristan und Isolde in Auswahl hrsg. von F. Maurer. 2. Aufl. 142 S. 1965. (22)

Die deutschen Personennamen von M. Gottschaldt †. 2., verb. Aufl. 151 S. 1955. (422)

Althochdeutsches Elementarbuch. Grammatik und Texte von H. Naumann † u. W. Betz. 4., verb. u. verm. Aufl. 183 S. 1967. (1111/1111a)

Mittelhochdeutsche Grammatik von H. de Boor u. R. Wisniewski. 5., durchges. Aufl. 150 S. 1967. (1108)

Indogermanisch, Germanisch

Indogermanische Sprachwissenschaft von H. Krahe. 2 Bde.
I: Einleitung und Lautlehre. 5. Aufl. 110 S. 1966. (59)
II: Formenlehre. 4., neubearb. Aufl. 100 S. 1963. (64)

Sanskrit-Grammatik mit sprachvergleichenden Erläuterungen von M. Mayrhofer. 2., völl. neu bearb. Aufl. 110 S. 1965. (1158/1158a)

Altirische Grammatik von J. Pokorny. 2. Aufl. 1968. (896/896a)

Gotisches Elementarbuch. Grammatik. Texte mit Übersetzung und Erläuterungen von H. Hempel. 4., neubearb. Aufl. 169 S. 1966. (79/79a)

Altnordisches Elementarbuch. Einführung, Grammatik, Texte (zum Teil mit Übersetzung) und Wörterbuch von F. Ranke. 3., völl. umgearb. Aufl. von D. Hofmann. 205 S. 1967. (1115/1115a/1115b)

Germanische Sprachwissenschaft von H. Krahe. 3 Bde.
I: Einleitung und Lautlehre. 6. Aufl. 147 S. 1966. (238)
II: Formenlehre. 6. Aufl. 149 S. 1967. (780)
III: Wortbildungslehre von W. Meid. 270 S. 1967. (1218/1218a/1218b)

Englisch, Romanisch

Altenglisches Elementarbuch. Einführung, Grammatik, Texte mit Übersetzung und Wörterbuch von M. Lehnert. 6., verb. Aufl. 178 S. 1965. (1125)

Mittelenglisches Elementarbuch von H. Weinstock. 1967. In Vorb. (1226/1226a/1226b)

Historische neuenglische Laut- und Formenlehre von E. Ekwall. 4., verb. Aufl. 150 S. 1965. (735)

Englische Phonetik von H. Mutschmann†. 2. Aufl., bearb. von G. Scherer. 127 S. 1963. (601)

Englische Literaturgeschichte von F. Schubel. 4 Bde.
I: Die alt- und mittelenglische Periode. 2., neubearb. Aufl. 189 S. 1967. (1114/1114a)
II: Von der Renaissance bis zur Aufklärung. 160 S. 1956. (1116)
III: Romantik und Viktorianismus. 160 S. 1960. (1124)

Beowulf. Eine Auswahl mit Einführung, teilweiser Übersetzung, Anmerkungen und etymologischem Wörterbuch von M. Lehnert. 4., verb. Aufl. 135 S. 1967. (1135)

Shakespeare von P. Meißner†. 2. Aufl., neubearb. von M. Lehnert. 136 S. 1954. (1142)

Romanische Sprachwissenschaft von H. Lausberg. 4 Bde.
I: Einleitung und Vokalismus. 2., durchges. Aufl. 211 S. 1963. (128/128a)
II: Konsonantismus. 2., durchges. Aufl. 95 S. 1967. (250)
III: Formenlehre. 1. Teil. 99 S. 1962. (1199)
III: Formenlehre. 2. Teil. S. 99—260. 1962. (1200/1200a)
IV: Wortlehre. In Vorb. (1208)

Griechisch, Lateinisch

Griechische Sprachwissenschaft von W. Brandenstein. 3 Bde.
I: Einleitung, Lautsystem, Etymologie. 160 S. 1954. (117)
II: Wortbildung und Formenlehre. 192 S. 1959. (118/118a)
III: Syntax I. Einleitung. Die Flexibilien. 145 S. 1966. (924/924a)

Geschichte der griechischen Sprache. 2 Bde.
I: Bis zum Ausgang der klassischen Zeit von O. Hoffmann und A. Debrunner. 4., neubearb. Aufl. von A. Scherer. 1968. (111/111a)
II: Grundfragen und Grundzüge des nachklassischen Griechisch von A. Debrunner. 2. Aufl., bearb. von A. Scherer. 1968. (114/114a)

Geschichte der griechischen Literatur von W. Nestle. 2 Bde. 3. Aufl., bearb. von W. Liebich.
I: 144 S. 1961. (70)
II: 149 S. 1963. (557)

Grammatik der neugriechischen Volkssprache von J. Kalitsunakis. 3., wes. erw. u. verb. Aufl. 196 S. 1963. (756/756a)

Neugriechisch-deutsches Gesprächsbuch von J. Kalitsunakis. 2. Aufl., bearb. von A. Steinmetz. 99 S. 1960. (587)

Geschichte der lateinischen Sprache von F. Stolz u. A. Debrunner†. 4., stark umgearb. Aufl. von W. P. Schmid. 145 S. 1966. (492/492a)

Geschichte der römischen Literatur von L. Bieler. 2., verb. Aufl. 2 Bde.
I: Die Literatur der Republik. 160 S. 1965. (52)
II: Die Literatur der Kaiserzeit. 133 S. 1965. (866)

Orientalistik, Slavistik

Die Keilschrift von B. Meissner. 3. Aufl., neubearb. von K. Oberhuber. Etwa 150 S. 1967. (708/708a/708b)

Die Hieroglyphen von A. Erman. 3. Aufl., neu bearb. von O. Krückmann. 1968. In Vorb. (608/608a/608b)

Hebräische Grammatik von R. Meyer. 3 Bde.
I: Einleitung, Schrift- und Lautlehre. 3., neubearb. Aufl. 120 S. 1966. (763/763a/763b)
II: Formenlehre und Flexionstabellen. 3. Aufl. In Vorb. (764/764a/764b)
III: Satzlehre. In Vorb. (765/765a/765b)

Hebräisches Textbuch zu G. Beer-R. Meyer, Hebräische Grammatik von R. Meyer. 170 S. 1960. (769/769a)

Slavische Sprachwissenschaft von H. Bräuer. 2 Bde.
I: Einleitung, Lautlehre. 221 S. 1961 (1191/1191a)
II: Formenlehre. 1. Tl. 1968. (1192/1192a)

Vergleichende Geschichte der slavischen Literaturen von D. Tschižewskij. 2 Bde. In Vorb.
I: Einführung. Anfänge des slavischen Schrifttums bis zum Klassizismus. (1222/1222a)
II: Romantik bis zur Moderne. (1223/1223a)

Russische Grammatik von E. Berneker†. 6., verb. Aufl. von M. Vasmer†. 155 S. 1961. (66)

Polnische Grammatik von N. Damerau. 139 S. 1967. (942/942a)

Erd- und Länderkunde, Kartographie

Afrika von F. Jaeger. Ein geographischer Überblick. 2 Bde. 3. Aufl.
I: Der Lebensraum. 179 S., 18 Abb. In Vorb. (910)
II: Mensch und Kultur. 155 S., 6 Abb. In Vorb. (911)

Australien und Ozeanien von H. J. Krug. 176 S., 46 Sk. 1953. (319)

Kartographie von V. Heissler. 2. Aufl. 213 S., 125 Abb., 8 Anl. 1966. (30/30a)

Wirtschaft, Statistik, Publizistik

Allgemeine Betriebswirtschaftslehre von K. Mellerowicz. 4 Bde. 11. u. 12. durchges. Aufl.
I: 224 S. 1964. (1008/1008a)
II: 188 S. 1966. (1153/1153a)
III: 260 S. 1967. (1154/1154a)
IV: 209 S. 1963. (1186/1186a)

Allgemeine Volkswirtschaftslehre von A. Paulsen. 4 Bde.
I: Grundlegung, Wirtschaftskreislauf. 7. Aufl. 159 S., 11 Abb. 1966. (1169)
II: Haushalte, Unternehmungen, Marktformen. 7. Aufl. 172 S., 31 Abb. 1966. (1170)

III: Produktionsfaktoren. 5., neubearb. u. erg. Aufl. 228 S., 24 Abb. 1967. (1171/1171 a)
IV: Gesamtbeschäftigung, Konjunkturen, Wachstum. 4., neubearb. u. erg. Aufl. 188 S. 1966. (1172)

Übungsaufgaben mit Lösungen zu A. Paulsen, Allgemeine Volkswirtschaftslehre I/II von W. Wedig. 177 S. 1967. (1227/1227 a)

Geschichte der Volkswirtschaftslehre von S. Wendt. 2., neubearb. Aufl. Etwa 182 S. 1968. (1194/1194 a)

Allgemeine Volkswirtschaftspolitik von H. Ohm. 2 Bde.
I: Systematisch-Theoretische Grundlegung. 2., verb. u. erg. Aufl. 137 S., 6 Abb. 1965. (1195)
II: Der volkswirtschaftliche Gesamtorganismus als Objekt der Wirtschaftspolitik. 180 S. 1967. (1196/1196 a)

Finanzwissenschaft von H. Kolms. 4 Bde.
I: Grundlegung, Öffentliche Ausgaben. 3., verb. Aufl. 165 S. 1966. (148)
II: Erwerbseinkünfte, Gebühren und Beiträge, Allgemeine Steuerlehre. 3., verb. Aufl. 154 S. 1966. (391)
III: Besondere Steuerlehre. 2., verb. u. erg. Aufl. 205 S. 1967. (776/776 a)
IV: Öffentlicher Kredit. Öffentlicher Haushalt. Finanzausgleich. 191 S. 1964. (782/782 a)

Finanzmathematik von M. Nicolas. 2., verb. Aufl. 192 S., 11 Taf., 8 Tab. u. 72 Beisp. 1967. (1183/1183 a)

Programmierung von Datenverarbeitungsanlagen von H. J. Schneider u. D. Jurksch. 111 S., 8 Tab., 11 Abb. 1967. (1225/1225 a)

Lineare Programmierung von H. Langen. Etwa 200 S. (1206/1206 a)

Buchhaltung und Bilanz von E. Kosiol. 2., überarb. u. veränd. Aufl. 186 S. 1967. (1213/1213 a)

Industrie- und Betriebssoziologie von R. Dahrendorf. 4. Aufl. 142 S., 3 Fig. 1967. (103)

Wirtschaftssoziologie von F. Fürstenberg. 122 S. 1961. (1193)

Psychologie des Berufs- und Wirtschaftslebens von W. Moede†. 190 S. 48 Abb. 1958. (851/851 a)

Einführung in die Arbeitswissenschaft von H. H. Hilf. 169 S., 57 Abb. 1964. (1212/1212 a)

Allgemeine Methodenlehre der Statistik von J. Pfanzagl. 2 Bde.
I: Elementare Methoden unter besonderer Berücksichtigung der Anwendungen in den Wirtschafts- und Sozialwissenschaften. 4., verb. Aufl. 266 S., 51 Abb. 1967. (746/746 a)
II: Höhere Methoden unter besonderer Berücksichtigung der Anwendungen in Naturwissenschaften, Medizin und Technik. 3., verb. Aufl. 315 S., 41 Abb. 1968. (747/747 a)

Zeitungslehre von E. Dovifat. 2 Bde. 5., neubearb. Aufl.
I: Theoretische und rechtliche Grundlagen — Nachricht und Meinung —Sprache und Form. 162 S. 1967 (1039/1039 a)
II: Redaktion — Die Sparten: Verlag und Vertrieb, Wirtschaft und Technik — Sicherung der öffentlichen Aufgabe. 179 S. 1967. (1040/1040 a)

Naturwissenschaften

Mathematik

Geschichte der Mathematik von J. E. Hofmann. 4 Bde.
I: Von den Anfängen bis zum Auftreten von Fermat und Descartes. 2., verb. u. verm. Aufl. 251 S. 1963. (226/226a)
II: Von Fermat und Descartes bis zur Erfindung des Calculus und bis zum Ausbau der neuen Methoden. 109 S. 1957. (875)
III: Von den Auseinandersetzungen um den Calculus bis zur französischen Revolution. 107 S. 1957. (882)
IV: Geschichte der Mathematik der neuesten Zeit von N. Stuloff. In Vorb. (883)

Mathematische Formelsammlung von F. O. Ringleb. 8., verb. Aufl. 322 S., 40 Fig. 1967. (51/51a)

Vierstellige Tafeln und Gegentafeln für logarithmisches und trigonometrisches Rechnen in zwei Farben zusammengestellt von H. Schubert und R. Haussner. 3. neubearb. Aufl. von J. Erlebach. 158 S. 1960. (81)

Fünfstellige Logarithmen mit mehreren graphischen Rechentafeln und häufig vorkommenden Zahlenwerten von A. Adler. 4. Aufl., überarb. von J. Erlebach. 127 S., 1 Taf. 1962. (423)

Arithmetik von P. B. Fischer†. 3. Aufl. von H. Rohrbach. 152 S., 19 Abb. 1958. (47)

Höhere Algebra von H. Hasse. 2 Bde. 5., neubearb. Aufl.
I: Lineare Gleichungen. 150 S. 1963. (931)
II: Gleichungen höheren Grades. 158 S., 5 Fig. 1967. (932)

Aufgabensammlung zur höheren Algebra von H. Hasse u. W. Klobe. 3., verb. Aufl. 183 S. 1961. (1082)

Elementare und klassische Algebra vom modernen Standpunkt von W. Krull. 2 Bde.
I: 3., erw. Aufl. 148 S. 1963. (930)
II: 132 S. 1959. (933)

Algebraische Kurven und Flächen von W. Burau. 2 Bde.
I: Algebraische Kurven der Ebene. 153 S., 28 Abb. 1962. (435)
II: Algebraische Flächen 3. Grades und Raumkurven 3. und 4. Grades. 162 S., 17 Abb. 1962. (436/436a)

Einführung in die Zahlentheorie von A. Scholz†. Überarb. u. hrsg. von B. Schoeneberg. 4. Aufl. 128 S. 1966. (1131)

Formale Logik von P. Lorenzen. 3., durchges. u. erw. Aufl. 184 S. 1967. (1176/1176a)

Topologie von W. Franz. 2 Bde.
I: Allgemeine Topologie. 2., verb. Aufl. 144 S., 9 Fig. 1965. (1181)
II: Algebraische Topologie. 153 S. 1965. (1182/1182a)

Elemente der Funktionentheorie von K. Knopp†. 7. Aufl. 144 S., 23 Fig. 1966. (1109)

Funktionentheorie von K. Knopp†. 2 Bde. 11. Aufl.
I: Grundlagen der allgemeinen Theorie der analytischen Funktionen. 144 S., 8 Fig. 1965. (668)
II: Anwendungen und Weiterführung der allgemeinen Theorie. 130 S., 7 Fig. 1965. (703)

Aufgabensammlung zur Funktionentheorie von K. Knopp†. 2 Bde.
I: Aufgaben zur elementaren Funktionentheorie. 7. Aufl. 135 S. 1965. (877)
II: Aufgaben zur höheren Funktionentheorie. 6. Aufl. 151 S. 1964. (878)

Differential- und Integralrechnung von M. Barner. (Früher Witting). 4 Bde.
I: Grenzwertbegriff, Differentialrechnung. 2., durchges. Aufl. 176 S., 39 Fig. 1963. (86)

Gewöhnliche Differentialgleichungen von G. Hoheisel. 7., neubearb. u. erw. Aufl. 142 S. 1965. (920/920a)

Partielle Differentialgleichungen von G. Hoheisel. 5., durchges. Aufl. Etwa 128 S. In Vorb. (1003)

Aufgabensammlung zu den gewöhnlichen und partiellen Differentialgleichungen von G. Hoheisel. 4., neubearb. Aufl. 153 S. 1964. (1059/1059a)

Integralgleichungen von G. Hoheisel. 2., neubearb. u. erw. Aufl. 112 S. 1963. (1099)

Mengenlehre von E. Kamke. 5. Aufl. 194 S., 6 Fig. 1965. (999/999a)

Gruppentheorie von L. Baumgartner. 4., erw. Aufl. 190 S., 3 Taf. 1964. (837/837a)

Ebene und sphärische Trigonometrie von G. Hessenberg†. 5. Aufl. durchges. von H. Kneser. 172 S., 60 Fig. 1957. (99)

Darstellende Geometrie von W. Haack. 3 Bde.
I: Die wichtigsten Darstellungsmethoden. Grund- und Aufriß ebenflächiger Körper 6. Aufl. 113 S., 120 Abb. 1967. (142)
II: Körper mit krummen Begrenzungsflächen. Kotierte Projektionen. 5., durchges. Aufl. 129 S., 86 Abb. 1967. (143)
III: Axonometrie und Perspektive. 3. Aufl. 129 S., 100 Abb. 1965. (144)

Analytische Geometrie von K. P. Grotemeyer. 3., neubearb. Aufl. 218 S., 73 Abb. 1964. (65/65a)

Nichteuklidische Geometrie. Hyperbolische Geometrie der Ebene von R. Baldus†. 4. Aufl., bearb. u. erg. von F. Löbell. 158 S., 75 Fig. 1964. (970/970a)

Differentialgeometrie von K. Strubecker. 3 Bde.
- I: Kurventheorie der Ebene und des Raumes. 2., erw. Aufl. 253 S., 45 Fig. 1964. (1113/1113a)
- II: Theorie der Flächenmetrik. 195 S., 14 Fig. 1958. (1179/1179a)
- III: Theorie der Flächenkrümmung. 254 S., 38 Fig. 1959. (1180/1180a)

Variationsrechnung von L. Koschmieder. 2 Bde. 2., neubearb. Aufl.
- I: Das freie und gebundene Extrem einfacher Grundintegrale. 128 S., 23 Fig. 1962. (1074)
- II: Anwendung klassischer Verfahren auf allgemeine Fragen des Extrems. — Neuere unmittelbare Verfahren. In Vorb. (1075)

Einführung in die konforme Abbildung von L. Bieberbach. 6., neubearb. Aufl. 184 S., 41 Zeichng. 1967. (768/768a)

Vektoren und Matrizen von S. Valentiner. 4. Aufl. (11., erw. Aufl der „Vektoranalysis"). Mit Anh.: Aufgaben zur Vektorrechnung von H. König. 206 S., 35 Fig. 1967. (354/354a)

Wahrscheinlichkeitstheorie und Grundzüge der Maßtheorie von H. Bauer. 2 Bde.
- I: 154 S. 1964. (1216/1216a)
- II: In Vorb. (1217)

Kinematik von H. R. Müller. 171 S., 75 Fig. 1963. (584/584a)

Versicherungsmathematik von F. Böhm. 2 Bde.
- I: Elemente der Versicherungsrechnung. 4. Aufl. In Vorb. (180)
- II: Lebensversicherungsmathematik. Einführung in die technischen Grundlagen der Sozialversicherung. 2., verb. u. verm. Aufl. 205 S. 1953. (917/917a)

Finanzmathematik von M. Nicolas, 2., verb. Aufl. 192 S., 11 Taf., 8 Tab. u. 72 Beisp. 1967. (1183/1183a)

Lineare Programmierung von H. Langen. Etwa 200 S. (1206/1206a)

Progammierung von Datenverarbeitungsanlagen von H. J. Schneider u. D. Jurksch. 111 S., 8 Tab., 11 Abb. 1967. (1225/1225a)

Physik

Einführung in die theoretische Physik von W. Döring. 5 Bde.
- I: Mechanik. 3., verb. Aufl. 125 S., 23 Abb. 1965. (76)
- II: Das elektromagnetische Feld. 3., umgearb. Aufl. Etwa 135 S., 15 Abb. 1968. (77/77a)
- III: Optik. 2., verb. Aufl. 117 S., 32 Abb. 1963. (78)
- IV: Thermodynamik. 2., verb. Aufl. 107 S., 9 Abb. 1964. (374)
- V: Statistische Mechanik. 2., umgearb. Aufl. 117 S., 10 Abb. 1966. (1017)

Mechanik deformierbarer Körper von M. Päsler. 199 S., 48 Abb. 1960. (1189/1189a)

Atomphysik von K. Bechert, Ch. Gerthsen† u. A. Flammersfeld. 4 Bde. 4., durchges. Aufl.
- I: Allgemeine Grundlagen. 1. Teil von A. Flammersfeld. Neuaufl. in Vorb. (1009)

II: Allgemeine Grundlagen. 2. Teil von A. Flammersfeld. Neuaufl. in Vorb. (1033)
III: Theorie des Atombaus. 1. Teil von K. Bechert. 148 S., 16 Abb. 1963. (1123/1123a)
IV: Theorie des Atombaus. 2. Teil von K. Bechert. 170 S., 14 Abb. 1963. (1165/1165a)

Differentialgleichungen der Physik von F. Sauter. 4., durchges. u. erg. Aufl. 147 S., 16 Fig. 1966. (1070)

Physikalische Formelsammlung von G. Mahler†. Fortgef. von K. Mahler. Neubearb. von E. Sohr. 12. Aufl. 167 S., 69 Fig. 1967. (136/136a)

Physikalische Aufgabensammlung mit Ergebnissen von G. Mahler†. Fortgef. von K. Mahler. Neubearb. von H. Graewe. 12. Aufl. 141 S. 1964. (243)

Chemie

Geschichte der Chemie in kurzgefaßter Darstellung von G. Lockemann. 2 Bde. 2. Aufl.
I: Vom Altertum bis zur Entdeckung des Sauerstoffs. 142 S., 4 Bildn. In Vorb. (264)
II: Von der Entdeckung des Sauerstoffs bis zur Gegenwart. 151 S., 16 Bildn. In Vorb. (265/265a)

Anorganische Chemie von W. Klemm. 14. Aufl. 255 S., 34 Abb. 1967. (37/37a)

Organische Chemie von W. Schlenk jun. 10., erw. Aufl. 273 S., 16 Abb. 1965. (38/38a)

Physikalische Methoden in der Organischen Chemie von G. Kresze. 2 Bde.
I: 119 S., 65 Abb. 1962. (44)
II: 164 S. 1962. (45/45a)

Allgemeine und physikalische Chemie von W. Schulze. 2 Bde.
I: 6., verb. Aufl. 139 S., 10 Fig. 1964. (71)
II: 6., erw. Aufl. Etwa 178 S. 49 Fig. 1968. (698/698a)

Molekülbau. Theoretische Grundlagen und Methoden der Strukturermittlung von W. Schulze. 123 S., 43 Fig. 1958. (786)

Einfache Versuche zur allgemeinen und physikalischen Chemie von E. Dehn. 371 Versuche m. 40 Abb. 272 S. 1962. (1201/1201a)

Physikalisch-chemische Rechenaufgaben von E. Asmus. 4., verb. Aufl. 96 S. 1967. (445)

Maßanalyse. Theorie und Praxis der klassischen und der elektrochemischen Titrierverfahren von G. Jander und K. F. Jahr. 11., durchges. Aufl., mitbearb. von H. Knoll. 359 S., 56 Fig. 1966. (221/221a)

Qualitative Analyse von H. Hofmann u. G. Jander. 3., durchges. u. verb. Aufl. 308 S., 5 Abb. 1967. (247/247a)

Stöchiometrische Aufgabensammlung von W. Bahrdt† u. R. Scheer. Mit den Ergebnissen. 9., durchges. Aufl. 119 S. 1967. (452/452a)

Elektrochemie von K. Vetter. 2 Bde.
I: In Vorb. (252)
II: In Vorb. (253)

Geochemie von K. H. Wedepohl. 221 S., 26 Abb., 37 Tab. 1967. (1224/1224a/1224b)

Kristallchemie von J. Zemann. 144 S., 90 Abb. 1966. (1220/1220a)

Technologie

Die Chemie der Kunststoffe von K. Hamann. 2., neu überarb. Aufl. unt. Mitarb. von W. Funke u. K. Nollen. 177 S. 1967. (1173/1173a)

Warenkunde von K. Hassak u. E. Beutel†. 2 Bde.
I: Anorganische Waren sowie Kohle und Erdöl. 8. Aufl. Neubearb. von A. Kutzelnigg. 119 S., 18 Fig. 1958. (222)
II: Organische Waren. 8. Aufl. Vollst. neu bearb. von A. Kutzelnigg. 157 S., 32 Fig. 1959. (223)

Die Fette und Öle von Th. Klug. 6., verb. Aufl. 143 S. 1961. (335)

Die Seifenfabrikation von K. Braun†. 3., neubearb. u. verb. Aufl. von Th. Klug 116 S., 18 Abb. 1953. (336)

Thermische Verfahrenstechnik von H. Bock. 3 Bde.
I: Eigenschaften und Verhalten der realen Stoffe. 184 S., 28 Abb. 1963. (1209/1209a)
II: Funktion und Berechnung der elementaren Geräte. 195 S., 54 Abb. 1964. (1210/1210a)
III: Fließbilder, ihre Funktion und ihr Zusammenbau aus Geräten. 224 S., 67 Abb. 1965. (1211/1211a)

Textilindustrie von A. Blümcke.
I: Spinnerei und Zwirnerei. 111 S., 43 Abb. 1954. (184)

Biologie

Einführung in die allgemeine Biologie und ihre philosophischen Grund- und Grenzfragen von M. Hartmann. 2., unveränd. Aufl. 132 S., 2 Abb. 1965. (96)

Hormone von G. Koller. 2., neubearb. u. erw. Aufl. 187 S., 60 Abb., 19 Tab. 1949. (1141)

Fortpflanzung im Tier- und Pflanzenreich von J. Hämmerling. 2., erg. Aufl. 135 S., 101 Abb. 1951. (1138)

Geschlecht und Geschlechtsbestimmung im Tier- und Pflanzenreich von M. Hartmann. 2., verb. Aufl. 116 S., 61 Abb., 7 Tab. 1951. (1127)

Symbiose der Tiere mit pflanzlichen Mikroorganismen von P. Buchner. 2., verb. u. verm. Aufl. 130 S., 121 Abb. 1949. (1128)

Grundriß der allgemeinen Mikrobiologie von W. u. A. Schwartz. 2 Bde. 2., verb. u. erg. Aufl.
I: 147 S., 25 Abb. 1960. (1155)
II: 142 S., 29 Abb. 1961. (1157)

Botanik

Entwicklungsgeschichte des Pflanzenreiches von H. Heil. 2. Aufl. 138 S., 94 Abb., 1 Tab. 1950. (1137)

Morphologie der Pflanzen von L. Geitler. 3., umgearb. Aufl. 126 S., 114 Abb. 1953. (141)

Pflanzengeographie von L. Diels†. 5., völl. neu bearb. Aufl. von F. Mattick. 195 S., 2 Ktn. 1958. (389/389a)

Die Laubhölzer. Kurzgefaßte Beschreibung der in Mitteleuropa gedeihenden Laubbäume und Sträucher von F. W. Neger† und E. Münch†. 3., durchges. Aufl., hrsg. von B. Huber. 143 S., 63 Fig., 7 Tab 1950. (718)

Die Nadelhölzer (Koniferen) und übrigen Gymnospermen von F. W. Neger† und E. Münch†. 4. Aufl., durchges. u. erg. von B. Huber. 140 S., 75 Fig., 4 Tab., 3 Ktn. 1952. (355)

Pflanzenzüchtung von H. Kuckuck. 2 Bde.
- I: Grundzüge der Pflanzenzüchtung. 3., völl. umgearb. u. erw. Aufl. 132 S., 22 Abb. 1952. (1134)
- II: Spezielle gartenbauliche Pflanzenzüchtung (Züchtung von Gemüse, Obst und Blumen). 2. Aufl. In Vorb. (1178/1178a)

Zoologie

Entwicklungsphysiologie der Tiere von F. Seidel. 2 Bde. 2. Aufl.
- I: Ei und Furchung. Etwa 160 S., 61 Abb. (1162)
- II: Körpergrundgestalt und Organbildung. In Vorb. (1163)

Vergleichende Physiologie der Tiere von K. Herter. 2 Bde. 4. Aufl. der „Tierphysiologie".
- I: Stoff- und Energiewechsel. Neu bearb. von K. Urich. 153 S., 61 Abb. 1966. (972/972a)
- II: Bewegung und Reizerscheinungen. Neu bearb. von G. Birukow. In Vorb. (973/973a)

Das Tierreich
- I: Einzeller, Protozoen von E. Reichenow. 115 S., 59 Abb. 1956. (444)
- II: Schwämme und Hohltiere von H. J. Hannemann. 95 S., 80 Abb. 1956. (442)
- III: Würmer. Platt-, Hohl-, Schnurwürmer, Kamptozoen, Ringelwürmer, Protracheaten, Bärtierchen, Zungenwürmer von S. Jaeckel. 114 S., 35 Abb. 1955. (439)
- IV, 1: Krebse von H. E. Gruner und K. Deckert. 114 S., 43 Abb. 1956. (443)
- IV, 2: Spinnentiere (Trilobitomorphen, Fühlerlose) und Tausendfüßler von A. Kaestner. 96 S., 55 Abb. 1955. (1161)
- IV, 3: Insekten von H. von Lengerken. 2., neubearb. Aufl. 140 S., 59 Abb. 1966. (594)
- V: Weichtiere. Urmollusken, Schnecken, Muscheln und Kopffüßer von S. Jaeckel. 92 S., 34 Fig. 1954. (440)

VI: Stachelhäuter. Tentakulaten, Binnenatmer und Pfeilwürmer von S. Jaeckel. 100 S., 46 Abb. 1955. (441)
VII, 1: Manteltiere, Schädellose, Rundmäuler von H. Fechter. In Vorb. (448)
VII, 2: Fische von D. Lüdemann. 130 S., 65 Abb. 1955. (356)
VII, 3: Lurche (Chordatiere) von K. Herter. 143 S., 129 Abb. 1955. (847)
VII, 4: Kriechtiere (Chordatiere) von K. Herter. 200 S., 142 Abb. 1960. (447/447 a)
VII, 5: Vögel (Chordatiere) von H.-A. Freye. 156 S., 69 Fig. 1960. (869)
VII, 6: Säugetiere (Chordatiere) von Th. Haltenorth. In Vorb. (282/282 a)

Land- und Forstwirtschaft

Landwirtschaftliche Tierzucht. Die Züchtung und Haltung der landwirtschaftlichen Nutztiere von H. Vogel. 139 S., 11 Abb. 1952. (228)

Kulturtechnische Bodenverbesserungen von O. Fauser. 2 Bde. 5., verb. u. verm. Aufl.
I: Allgemeines, Entwässerung. 127 S., 49 Abb. 1959. (691)
II: Bewässerung, Ödlandkultur, Flurbereinigung. 159 S., 71 Abb. 1961. (692)

Agrikulturchemie von K. Scharrer. 2 Bde.
I: Pflanzenernährung. 143 S. 1953. (329)
II: Futtermittelkunde. 192 S. 1956. (330/330 a)

Geologie, Mineralogie, Kristallographie

Geologie von F. Lotze. 3., verb. Aufl. 179 S., 80 Abb. 1965. (13/13 a)

Mineral- und Erzlagerstättenkunde von H. Huttenlocher†. 2 Bde. 2., neubearb. Aufl. von P. Ramdohr.
I: 137 S., 40 Abb., 2 Tab. 1965. (1014/1014 a)
II: 135 S., 41 Abb. 1965. (1015/1015 a)

Allgemeine Mineralogie. 12., erw. Aufl. der „Mineralogie" von R. Brauns† neubearb. von K. F. Chudoba. 152 S., 143 Textfig., 1 Taf., 3 Tab. 1968. (29/29 a)

Spezielle Mineralogie. 11., erw. Aufl. der „Mineralogie" von R. Brauns†, bearb. von K. F. Chudoba. 193 S., 127 Textfig., 6 Tab. 1964. (31/31 a)

Petrographie (Gesteinskunde) von W. Bruhns†. Neubearb. von P. Ramdohr. 6., erw. Aufl. 141 S., 21 Fig. 1966. (173)

Geochemie von K. H. Wedepohl. 221 S., 26 Abb., 37 Tab. 1967. (1224/1224 a/1224 b)

Kristallchemie von J. Zemann. 144 S., 90 Abb. 1966. (1220/1220 a)

Kristallographie von W. Bruhns†. 6. Aufl., neubearb. von P. Ramdohr. 115 S., 164 Abb. 1965. (210)

Einführung in die Kristalloptik von E. Buchwald. 5., verb. Aufl. 128 S., 117 Fig. 1963 (619/619 a)

Lötrohrprobierkunde. Mineraldiagnose mit Lötrohr und Tüpfelreaktion von M. Henglein. 4., durchges. u. erw. Aufl. 108 S., 12 Fig. 1962. (483)

Technik

Graphische Darstellung in Wissenschaft und Technik von M. Pirani. 3., erw. Aufl. bearb. von J. Fischer unt. Benutzg. der von I. Runge bes. 2. Aufl. 216 S., 104 Abb. 1957. (728/728a)

Technische Tabellen und Formeln von W. Müller. 5., verb. u. erw. Aufl. von E. Schulze. 165 S., 114 Abb., 99 Taf. 1962. (579)

Einführung in die Arbeitswissenschaft von H. H. Hilf. 164 S., 57 Abb. 1964. (1212/1212a)

Grundlagen der Straßenverkehrstechnik. Theorie der Leistungsfähigkeit von E. Engel. 101 S., 55 Abb. 1962. (1198)

Elektrotechnik

Grundlagen der allgemeinen Elektrotechnik von O. Mohr. 3. Aufl. 260 S., 136 Bild., 14 Taf. 1965. (196/196a)

Die Gleichstrommaschine von K. Humburg. 2 Bde. 3. Aufl.
I: Etwa 102 S., 59 Abb. In Vorb. (257)
II: Etwa 101 S., 38 Abb. In Vorb. (881)

Die Synchronmaschine von W. Putz. 92 S., 64 Bild. 1962. (1146)

Induktionsmaschinen von F. Unger. 3. Aufl. In Vorb. (1140)

Die komplexe Berechnung von Wechselstromschaltungen von H. H. Meinke. 3., neubearb. Aufl. 185 S., 126 Abb. 1965. (1156/1156a)

Theoretische Grundlagen zur Berechnung der Schaltgeräte von F. Kesselring. 4. Aufl. 1968. (711/711a/711b)

Einführung in die Technik selbsttätiger Regelungen von W. zur Megede. 3., überarb. u. erw. Aufl. Etwa 180 S., 86 Abb. 1968. In Vorb. (714/714a)

Elektromotorische Antriebe von W. Meyer. 223 S., 113 Abb. 1967. (827/827a/827b)

Überspannungen und Überspannungsschutz von G. Frühauf. Durchges. Neudr. 122 S., 98 Abb. 1950. (1132)

Elektrische Höchstspannungs-Schaltanlagen. Für Freiluft und Innenanordnung von G. Meiners u. K.-H. Wiesenewsky. 138 S., 58 Abb. 1964. (796/796a)

Transformatoren von W. Schäfer. 5., überarb. u. erg. Aufl. 130 S., 73 Abb. 1967. (952/952a)

Maschinenbau

Thermische Verfahrenstechnik von H. Bock. 3 Bde.
- I: Eigenschaften und Verhalten der realen Stoffe. 184 S., 23 Abb. 1963. (1209/1209a)
- II: Funktion und Berechnung der elementaren Geräte. 195 S., 54 Abb. 1964. (1210/1210a)
- III: Fließbilder, ihre Funktion und ihr Zusammenbau aus Geräten. 224 S., 67 Abb. 1965. (1211/1211a)

Technische Thermodynamik von U. Grigull. 171 S., 74 Abb. 1966. (1084/1084a)

Metallkunde von H. Borchers. 3 Bde.
- I: Aufbau der Metalle und Legierungen. 6. Aufl. 120 S., 90 Abb., 2 Tab. 1964. (432)
- II: Eigenschaften, Grundzüge der Form- und Zustandsgebung. 5., erg. u. durchges. Aufl. 182 S., 107 Abb., 10 Tab. 1963. (433/433a)
- III: Die metallkundlichen Untersuchungsmethoden von E. Hanke. In Vorb. (434)

Die Werkstoffe des Maschinenbaues von A. Thum† und C. M. v. Meysenbug. 2 Bde.
- I: Einführung in die Werkstoffprüfung. 3. Aufl. In Vorb. (476)
- II: Die Konstruktionswerkstoffe. 132 S., 40 Abb. 1959. (936)

Dynamik von W. Müller. 2 Bde. 2., verb. Aufl.
- I: Dynamik des Einzelkörpers. 128 S., 48 Fig. 1952. (902)
- II: Systeme von starren Körpern. 102 S., 41 Fig. 1952. (903)

Technische Schwingungslehre von L. Zipperer. 2 Bde. 2., neubearb. Aufl.
- I: Allgemeine Schwingungsgleichungen, einfache Schwinger. 120 S., 101 Abb. 1953. (953)
- II: Torsionsschwingungen in Maschinenanlagen. 102 S., 59 Abb. 1955. (961/961a)

Werkzeugmaschinen für Metallbearbeitung von K. P. Matthes. 2 Bde.
- I: 100 S., 27 Abb., 11 Zahlentaf., 1 Tafelanh. 1954. (561)
- II: Fertigungstechnische Grundlagen der neuzeitlichen Metallbearbeitung. 101 S., 30 Abb., 5 Taf. 1955. (562)

Das Maschinenzeichnen mit Einführung in das Konstruieren von W. Tochtermann. 2 Bde. 4. Aufl.
- I: Das Maschinenzeichnen. 156 S., 75 Taf. 1950 (589)
- II: Ausgeführte Konstruktionsbeispiele. 130 S., 58 Taf. 1950. (590)

Die Maschinenelemente von E. A. vom Ende†. 4., überarb. Aufl. 184 S., 179 Fig., 11 Taf. 1963. (3/3a)

Die Maschinen der Eisenhüttenwerke von L. Engel. 156 S., 95 Abb. 1957. (583/583a)

Walzwerke von H. Sedlaczek†. 3., neubearb. Aufl. In Vorb. (580/580a)

Getriebelehre von P. Grodzinski†. 2 Bde. 3., neubearb. Aufl. von G. Lechner.
- I: Geometrische Grundlagen. 164 S., 131 Fig. 1960. (1061)
- II: Angewandte Getriebelehre. In Vorb. (1062)

Kinematik von H. R. Müller. 171 S., 75 Fig. 1963. (584/584 a)

Gießereitechnik von H. Jungbluth. 2 Bde.
I. Eisengießerei. 126 S., 44 Abb. 1951. (1159)

Die Dampfkessel einschließlich Feuerungen und Hilfseinrichtungen. Physikalische und chemische Grundlagen, Berechnung und Konstruktion, Vorschriften und Beispiele von W. Marcard. 3., neubearb. Aufl. von G. Beyer 2 Bde.
I: Physikalische und chemische Grundlagen, Wärmelehre, Wärmeübertragung, Verbrennung. 133 S., 35 Bild., 26 Tab. 1964. (9/9 a)
II: Berechnung und Konstruktion. Dampfkessel, Hilfseinrichtungen. Feuerungen, Berechnung. 108 S., 45 Bild. 1966. (521/521 a)

Die Dampfturbinen. Ihre Wirkungsweise, Berechnung und Konstruktion von C. Zietemann. 3 Bde.
I: Theorie der Damp'turbinen. 4. Aufl. 139 S., 48 Abb. In Vorb. (274)
II: Die Berechnung der Dampfturbinen und die Konstruktion der Einzelteile. 4., verb. Aufl. 132 S. 111 Abb. In Vorb. (715)
III: Die Regelung der Dampfturbinen, die Bauarten, Turbinen für Sonderzwecke, Kondensationsanlagen. 3., verb. Aufl. 126 S., 90 Abb. 1956. (716)

Verbrennungsmotoren von W. Endres. 3 Bde.
I: Überblick. Motor-Brennstoffe, Verbrennung im Motor allgemein, im Otto- und Diesel-Motor. 2. Aufl. In Vorb. (1076/1076 a)
II: Gaswechselvorgang. Aufladen, Leistung, mittl. Druck. Reibung, Wirkungsgrade und Kraftstoffverbrauch. 152 S., 62 Abb. 1966. (1184/1184 a)
III: Die Einzelteile des Verbrennungsmotors. In Vorb. (1185/1185 a)

Autogenes Schweißen und Schneiden von H. Niese. 5. Aufl., neubearb. von A. Küchler. 136 S., 71 Fig. 1953. (499)

Die elektrischen Schweißverfahren von H. Niese. 2. Aufl., neubearb. von H. Dienst. 136 S., 58 Abb. 1955. (1020)

Die Hebezeuge. Entwurf von Winden und Kranen von G. Tafel. 2., verb. Aufl. 176 S., 230 Fig. 1954. (414/414 a)

Vermessungswesen

Vermessungskunde von W. Großmann. 3 Bde.
I: Stückvermessung und Nivellieren. 12., verb. Aufl. 156 S., 122 Fig. 1965., (468)
II: Horizontalaufnahmen und ebene Rechnungen. 10., verb. Aufl. 149 S., 101 Fig. 1967. (459/469 a)
III: Trigonometrische und barometrische Höhenmessung. Tachymetrie und Absteckungen. 8., verb. Aufl. 140 S., 102 Fig. 1965. (862)

Kartographie von V. Heissler. 2. Aufl. 213 S., 125 Abb., 8 Anl. 1966. (30/30 a)

Photogrammetrie von G. Lehmann. 2., neubearb. Aufl. 205 S., 135 Abb. 1966. (1188/1188 a)

Wasserbau

Wasserkraftanlagen von A. Ludin unt. Mitarb. von W. Borkenstein. 2 Bde.
I: Planung, Grundlagen und Grundzüge. 124 S., 60 Abb. 1955. (665)
II: Anordnung und Ausbildung der Hauptbauwerke. 184 S., 91 Abb. 1958. (666/666 a)

Verkehrswasserbau von H. Dehnert. 3 Bde.
I: Entwurfsgrundlagen, Flußregelungen 103 S., 53 Abb. 1950. (585)
II: Flußkanalisierung und Schiffahrtskanäle. 94 S., 60 Abb. 1950. (597)
III: Schleusen und Hebewerke. 98 S., 70 Abb. 1950 (1152)

Wehr- und Stauanlagen von H. Dehnert. 134 S., 90 Abb. 1952. (965)

Talsperren von F. Tölke. 122 S., 70 Abb. 1953. (1044)

Hoch- und Tiefbau

Die wichtigsten Baustoffe des Hoch- und Tiefbaus von O. Graf†. 4., verb. Aufl. 131 S., 63 Abb. 1953. (984)

Baustoffverarbeitung und Baustellenprüfung des Betons von A. Kleinlogel. 2., neubearb. u. erw. Aufl. 126 S., 35 Abb. 1951. (978)

Festigkeitslehre. 2 Bde.
I: Elastizität, Plastizität und Festigkeit der Baustoffe und Bauteile von W. Gehler† u. W. Herberg. Durchges. u. erw. Neudr. 159 S., 118 Abb. 1952. (1144)
II: Formänderung, Platten, Stabilität und Bruchhypothesen von W. Herberg und N. Dimitrov. 187 S., 94 Abb. 1955. (1145/1145 a)

Grundlagen des Stahlbetonbaues von A. Troche. 2., neubearb. u. erw. Aufl. 208 S., 75 Abb., 17 Bemessungstaf., 20 Rechenbeisp. 1953. (1078)

Statik der Baukonstruktionen von A. Teichmann 3 Bde.
I: Grundlagen. 101 S., 51 Abb., 8 Formeltaf. 1956. (119)
II: Statisch bestimmte Stabwerke. 107 S., 52 Abb., 7 Taf. 1957 (120)
III: Statisch unbestimmte Systeme. 112 S., 34 Abb., 7 Formeltaf. 1958. (122)

Fenster, Türen, Tore aus Holz und Metall. Eine Anleitung zu ihrer guten Gestaltung, wirtschaftlichen Bemessung und handwerksgerechten Konstruktion von W. Wickop†. 5. Aufl. In Vorb. (1092)

Heizung und Lüftung von W. Körting. 2 Bde., neubearb. Aufl.
I: Das Wesen und die Berechnung der Heizungs- und Lüftungsanlagen. 171 S., 29 Abb., 36 Zahlentaf. 1962. (342/342a)
II: Die Ausführung der Heizungs- und Lüftungsanlagen. In Vorb. (343)

Industrielle Kraft- und Wärmewirtschaft von F. A. F. Schmidt u. A. Beckers. 167 S., 73 Abb. 1957. (318/318 a)

Sammlung Göschen / Bandnummernfolge

1 Langosch, Der Nibelunge Nôt
3/3a v. Ende, Maschinenelemente
9/9a Marcard-Beyer, Dampfkessel I
10 Jiriczek-Wisniewski, Kudrun und Dietrich-Epen
13/13a Lotze, Geologie
18 Maurer, Hartmann von Aue, Der arme Heinrich
19 Altheim, Römische Geschichte I
20 Hofstaetter, Dt. Sprachlehre
22 Maurer, Gottfried von Strassburg
29/29a Brauns-Chudoba, Allgemeine Mineralogie
30/30a Heissler, Kartographie
31/31a Brauns-Chudoba, Spezielle Mineralogie
32 Schneider-Wisniewski, Deutsche Heldensage
35 Treue, Dt. Geschichte von 1648 bis 1740
37/37a Klemm, Anorgan. Chemie
38/38a Schlenk, Organische Chemie
39 Treue, Dt. Geschichte von 1713 bis 1806
42 Behn-Hoernes, Vorgeschichte Europas
44 Kresze, Physikal. Meth. in der Organ. Chemie I
45/45a Kresze, Physikal. Meth. in der Organ. Chemie II
47 Fischer-Rohrbach, Arithmetik
51/51a Ringleb, Mathem. Formelsammlung
52 Bieler, Röm. Literaturgesch. I
59 Krahe, Indogerm. Sprachwiss. I
60 Biehle, Stimmkunde
61 Biehle, Redetechnik
64 Krahe, Indogerm. Sprachwiss. II
65/65a Grotemeyer, Analyt. Geometrie
66 Berneker-Vasmer, Russische Grammatik
70 Nestle-Liebich, Gesch. d. griechischen Literatur I
71 Schulze, Allgemeine und physikalische Chemie I
76 Döring, Einf. i. d. th. Physik I
77/77a Döring, Einf. i. d. th. Physik II
78 Döring, Einf. i. d. th. Physik III
79/79a Hempel, Got. Elementarbuch
80 Weigert, Stilkunde I
81 Schubert-Haussner-Erlebach, Vierstell. Logarithmentafeln
86 Barner, Differential- u. Integralrechnung I
96 Hartmann, Einf. in die allgem. Biologie
99 Hessenberg-Kneser, Ebene und sphär. Trigonometrie
101/101a Wiese, Soziologie
103 Dahrendorf, Industrie- und Betriebssoziologie
104/104a Hofstätter, Sozialpsychologie
111/111a Hoffmann-Debrunner-Scherer, Gesch. d. griechischen Sprache I
114/114a Debrunner-Scherer, Gesch. der griechischen Sprache II
117 Brandenstein, Griechische Sprachwissenschaft I
118/118a Brandenstein, Griechische Sprachwissenschaft II
119 Teichmann, Statik der Baukonstruktionen I
120 Teichmann, Statik der Baukonstruktionen II
122 Teichmann, Statik der Baukonstruktionen III

128/128a Lausberg, Romanische Sprachwissenschaft I
136/136a Mahler-Sohr, Physikal. Formelsammlung
141 Geitler, Morphologie der Pflanzen
142 Haack, Darst. Geometrie I
143 Haack, Darst. Geometrie II
144 Haack, Darst. Geometrie III
145/145a Weimer, Gesch. der Pädagogik
148 Kolms, Finanzwissenschaft I
156/156a Landmann, Philosophische Anthropologie
170 Oehlmann, Musik des 19. Jhs.
171/171a Oehlmann, Musik des 20. Jhs.
173 Bruhns-Ramdohr, Petrographie
174 Schlingloff, Religion des Buddhismus I
180 Böhm, Versicherungsmathem. I
184 Blümcke, Textilindustrie I
196/196a Mohr, Grundlagen der allgem. Elektrotechnik
200/200a Gottschald, Dt. Rechtschreibungswörterbuch
210 Bruhns-Ramdohr, Kristallographie
220/220a Moser, Allg. Musiklehre
221/221a Jander-Jahr-Knoll, Maßanalyse
222 Hassak-Beutel-Kutzelnigg, Warenkunde I
223 Hassak-Beutel-Kutzelnigg, Warenkunde II
226/226a Hofmann, Gesch. der Mathematik
223 Vogel, Landw. Tierzucht
231/231a Ehrlich, Geschichte Israels
233 Krahe, German. Sprachwiss. I
243 Mahler-Graewe, Physikal. Aufgabensammlung
247/247a Hofmann-Jander, Qualitative Analyse
250 Lausberg, Romanische Sprachwissenschaft II
252 Vetter, Elektrochemie I
253 Vetter, Elektrochemie II
257 Humburg, Gleichstrommaschine I
264 Lockemann, Gesch. der Chemie I
265/265a Lockemann, Geschichte der Chemie II
270/270a Kirn-Leuschner, Einführung in die Geschichtswissenschaft
274 Zietemann, Dampfturbinen I
279 Jacob-Hohenleutner, Quellenkunde der deutschen Geschichte I
280 Jacob-Hohenleutner, Quellenkunde der deutschen Geschichte II
281 Leisegang, Einführung in die Philosophie
282/282a Haltenorth, Säugetiere
284 Jacob-Weden, Quellenkunde der deutschen Geschichte III
318/318a Schmidt-Beckers, Industrielle Kraft- u. Wärmewirtschaft
319 Krug, Australien und Ozeanien
329 Scharrer, Agrikulturchemie I
330/330a Scharrer, Agrikulturchemie II
335 Klug, Fette und Öle
336 Braun-Klug, Seifenfabrikation
342/342a Körting, Heizung und Lüftung I
343 Körting, Heizung und Lüftung II
344 Moser, Musikästhetik
354/354a Valentiner-König, Vektoren und Matrizen
355 Neger-Münch-Huber, Nadelhölzer
356 Lüdemann, Fische
374 Döring, Einf. i. d. th. Physik IV
375/375a Preller, Geschichte Englands I
389/389a Diels-Mattick, Pflanzengeographie
391 Kolms, Finanzwissenschaft II
394/394a Schilling, Von der Renaissance bis Kant
414/414a Tafel, Hebezeuge
422 Gottschald, Dt. Personennamen
423 Adler-Erlebach, Fünfstellige Logarithmen
432 Borchers, Metallkunde I
433/433a Borchers, Metallkunde II
434 Borchers-Hanke, Metallkunde III
435 Burau, Algebr. Kurven und Flächen I
436/436a Burau, Algebr. Kurven und Flächen II
439 Jaeckel, Würmer
440 Jaeckel, Weichtiere
441 Jaeckel, Stachelhäuter

769/769a Beer-Meyer, Hebräisches Textbuch
770 Schlingloff, Religion des Buddhismus II
776/776a Kolms, Finanzwissenschaft III
780 Krahe, German. Sprachwiss. II
781 Weigert, Stilkunde II
782/782a Kolms, Finanzwissenschaft IV
786 Schulze, Molekülbau
796/796a Meiners-Wiesenewsky, Elektr. Höchstspannungs-Schaltanlagen
809 Moser, Harmonielehre I
810 Moser, Harmonielehre II
826 Koch, Philosophie d. Mittelalters
827/827a/827b Meyer, Elektromotorische Antriebe
831 Erismann, Allg. Psychologie I
832/832a Erismann, Allg. Psychologie II
833 Erismann, Allg. Psychologie III
834/834a Erismann, Allg. Psychologie IV
837/837a Baumgartner, Gruppentheorie
845 Lehmann, Philosophie im ersten Drittel des 20. Jhs. I
847 Herter, Lurche
850 Lehmann, Philosophie im ersten Drittel des 20. Jhs. II
851/851a Moede, Psychologie des Berufs- und Wirtschaftslebens
857 Capelle, Griech. Philosophie I
858 Capelle, Griech. Philos. II
859 Capelle, Griech. Philos. III
862 Großmann, Vermessungskunde III
863 Capelle, Griech. Philos. IV
866 Bieler, Röm. Literaturgeschichte II
869 Freye, Vögel
875 Hofmann, Geschichte der Mathematik II
877 Knopp, Aufgabensammlung zur Funktionentheorie I
878 Knopp, Aufgabensammlung zur Funktionentheorie II
881 Humburg, Gleichstrommaschine II
882 Hofmann, Geschichte der Mathematik III
883 Stuloff, Mathematik der neuesten Zeit
893 Treue, Dt. Geschichte von 1806 bis 1890
894 Treue, Dt. Geschichte von 1890 bis zur Gegenwart
896/896a Pokorny, Altirische Gramm.
902 Müller, Dynamik I
903 Müller, Dynamik II
910 Jaeger, Afrika I
911 Jaeger, Afrika II
915 Sperber-Polenz, Gesch. der Deutschen Sprache
917/917a Böhm, Versicherungsmathematik II
920/920a Hoheisel, Gewöhnliche Differentialgleichungen
921 Jantzen-Kolb, W. v. Eschenbach, Parzival
924/924a Brandenstein, Griechische Sprachwissenschaft III
929 Schirmer-Mitzka, Dt. Wortkunde
930 Krull, Elementare und klassische Algebra I
931 Hasse, Höhere Algebra I
932 Hasse, Höhere Algebra II
933 Krull, Elementare und klassische Algebra II
936 Thum-Meysenbug, Werkstoffe d. Maschinenbaues II
942/942a Damerau, Polnische Grammatik
952/952a Schäfer, Transformatoren
953 Zipperer, Techn. Schwingungslehre I
961/961a Zipperer, Techn. Schwingungslehre II
965 Dehnert, Wehr- und Stauanlagen
970/970a Baldus-Löbell, Nichteuklidische Geometrie
972/972a Herter-Urich, Vergleichende Physiologie der Tiere I
973/973a Herter-Birukow, Vergleichende Physiologie der Tiere II
978 Kleinlogel, Baustoffverarbeitung und Baustellenprüfung d. Betons
984 Graf, Baustoffe des Hoch- und Tiefbaus
999/999a Kamke, Mengenlehre
1000 Jaspers, Geistige Situat. der Zeit

1003 Hoheisel, Partielle Differentialgleichungen
1008/1008a Mellerowicz, Allgem. Betriebswirtschaftslehre I
1009 Bechert-Gerthsen-Flammersfeld, Atomphysik I
1014/1014a Huttenlocher-Ramdohr, Mineral- und Erzlagerstättenkunde I
1015/1015a Huttenlocher-Ramdohr, Mineral- und Erzlagerstättenkunde II
1017 Döring, Einf. i. d. th. Physik V
1020 Niese-Dienst, Elektrische Schweißverfahren
1031/1031a Apel-Ludz, Philosophisches Wörterbuch
1033 Bechert-Gerthsen-Flammersfeld, Atomphysik II
1034 Kranefeldt-Jung, Therapeutische Psychologie
1035 Altheim, Röm. Religionsgeschichte I
1039/1039a Dovifat, Zeitungslehre I
1040/1040a Dovifat, Zeitungslehre II
1044 Tölke, Talsperren
1045 Schubert, Technik des Klavierspiels
1051/1051a Stolberg-Wernigerode, Gesch. d. Vereinigten Staaten
1052 Altheim, Röm. Religionsgeschichte II
1059/1059a Hoheisel, Aufgabenslg. z. d. gew. u. part. Differentialgleichungen
1061 Grodzinski-Lechner, Getriebelehre I
1062 Grodzinski-Lechner, Getriebelehre II
1065 Haller-Dannenbauer, Von d. Karolingern zu den Staufern
1070 Sauter, Differentialgleichungen der Physik
1074 Koschmieder, Variationsrechnung I
1075 Koschmieder, Variationsrechnung II
1076/1076a Endres, Verbrennungsmotoren I
1077 Haller-Dannenbauer, Von den Staufern zu den Habsburgern
1078 Troche, Stahlbetonbau
1082 Hasse-Klobe, Aufgabensammlung zur höheren Algebra
1084/1084a Grigull, Techn. Thermodynamik
1085 Lietzmann-Aland, Zeitrechnung
1086 Müller, Dt. Dichten und Denken
1088 Preller, Gesch. Englands II
1092 Wickop, Fenster, Türen, Tore
1094 Hernried, System, Modulation
1096 Viëtor, Dt. Dichten und Denken
1099 Hoheisel, Integralgleichungen
1105 Hartung, Dt. Geschichte im Zeitalter der Reformation
1108 de Boor-Wisniewski, Mittelhochdeutsche Grammatik
1109 Knopp, Elemente der Funktionentheorie
1111/1111a Naumann-Betz, Althochdt. Elementarbuch
1113/1113a Strubecker, Differentialgeometrie I
1114/1114a Schubel, Engl. Literaturgeschichte I
1115/1115a/1115b Ranke-Hofmann, Altnord Elementarbuch
1116 Schubel, Engl. Literaturgeschichte II
1117 Haller-Dannenbauer, Eintritt der Germanen in die Geschichte
1121 Naumann, Dt. Dichten u. Denken
1122 Jesch, Sprecherziehung
1123/1123a Bechert-Gerthsen-Flammersfeld, Atomphysik III
1124 Schubel, Engl. Literaturgeschichte III
1125 Lehnert, Altengl. Elementarbuch
1127 Hartmann, Geschlecht u. Geschlechtsbestimmung im Tier- und Pflanzenreich
1128 Buchner, Symbiose d. Tiere
1130 Dibelius-Kümmel, Jesus
1131 Scholz-Schoeneberg, Einführung in die Zahlentheorie
1132 Frühauf, Überspannungen
1134 Kuckuck, Pflanzenzüchtung I
1135 Lehnert, Beowulf
1137 Heil, Entwicklungsgesch. Pflanzenreiches
1138 Hämmerling, Fortpflanzung im Tier- und Pflanzenreich
1140 Unger, Induktionsmaschinen
1141 Koller, Hormone

1142 Meissner-Lehnert, Shakespeare
1144 Gehler-Herberg, Festigkeitslehre I
1145/1145 a Herberg-Dimitrov, Festigkeitslehre II
1146 Putz, Synchronmaschine
1147 Waltershausen, Kunst d. Dirigierens
1148 Pepping, Der polyphone Satz I
1152 Dehnert, Verkehrswasserbau III
1153/1153 a Mellerowicz, Allgem. Betriebswirtschaftslehre II
1154/1154 a Mellerowicz, Allgem. Betriebswirtschaftslehre III
1155 Schwartz, Mikrobiologie I
1156/1156 a Meinke, Komplexe Berechnungen v. Wechselstromschaltungen
1157 Schwartz, Mikrobiologie II
1158/1158 a Mayrhofer, Sanskrit-Grammatik
1159 Jungbluth, Gießereitechnik I
1160 Dibelius-Kümmel, Paulus
1161 Kaestner, Spinnentiere
1162 Seidel Entwicklungsphysiologie der Tiere I
1163 Seidel, Entwicklungsphysiologie der Tiere II
1164/1164 a Pepping, Der polyphone Satz II
1165/1165 a Bechert-Gerthsen-Flammersfeld, Atomphysik IV
Paulsen, Allgemeine Volkswirtschaftslehre I
1170 Paulsen, Allgemeine Volkswirtschaftslehre II
1171/1171 a Paulsen, Allgemeine Volkswirtschaftslehre III
1172 Paulsen, Allgemeine Volkswirtschaftslehre IV
1173/1173 a Hamann-Funke-Nollen, Chemie der Kunststoffe
1176/1176 a Lorenzen, Form. Logik
1177/1177 a Redeker, Schleiermacher
1178/1178 a Kuckuck, Pflanzenzüchtung II
1179/1179 a Strubecker, Differentialgeometrie II
1180/1180 a Strubecker, Differentialgeometrie III
1181 Franz, Topologie I
1182/1182 a Franz, Topologie II
1183/1183 a Nicolas, Finanzmathematik
1184/1184 a Endres, Verbrennungsmotoren II
1185/1185 a Endres, Verbrennungsmotoren III
1186/1186 a Mellerowicz, Allgem. Betriebswirtschaftslehre IV
1187 Lau, Luther
1188/1188 a Lehmann, Photogrammetrie
1189/1189 a Päsler, Mechanik
1190 Stupperich, Melanchthon
1191/1191 a Bräuer, Slav. Sprachwissenschaft I
1192/1192 a Bräuer, Slav. Sprachwissenschaft II
1193 Fürstenberg, Wirtschaftssoziologie
1194/1194 a Wendt, Gesch. d. Volkswirtschaftslehre
1195 Ohm, Allgem. Volkswirtschaftspolitik I
1196/1196 a Ohm, Allgem. Volkswirtschaftspolitik II
1197/1197 a Onasch, Konfessionskunde der orthod. Kirchen
1198 Engel, Straßenverkehrstechnik
1199 Lausberg, Romanische Sprachwissenschaft III, 1. Teil
1200/1200 a Lausberg, Romanische Sprachwissenschaft III, 2. Teil
1201/1201 a Dehn, Versuche zur allgem. u. phys. Chemie
1202/1202 a Nagel, Gesch. des christl. Gottesdienstes
1203 Wendland, Sozialethik
1204 Scheurig, Zeitgeschichte
1205/1205 a Hofmann, Ideengeschichte d. soz. Bewegung
1206/1206 a Langen, Lineare Programmierung
1208 Lausberg, Romanische Sprachwissenschaft IV
1209/1209 a Bock, Therm. Verfahrenstechnik I
1210/1210 a Bock, Therm. Verfahrenstechnik II
1211/1211 a Bock, Therm. Verfahrenstechnik III
1212/1212 a Hilf, Arbeitswissenschaft
1213/1213 a Kosiol, Buchhaltung und Bilanz

1216/1216a Bauer, Wahrscheinlichkeitstheorie I
1217 Bauer, Wahrscheinlichkeitstheorie II
1218/1218a/1218b Meid, German. Sprachwiss. III
1219 Schmidt-Clausing, Zwingli
1220/1220a Zemann, Kristallchemie
1221 Gerdes, Kierkegaard
1222/1222a Tschižewskij, Slav. Literaturen I
1223/1223a Tschižewskij, Slav. Literaturen II
1224/1224a/1224b Wedepohl, Geochemie
1225/1225a Schneider-Jurksch, Datenverarbeitungsanlagen
1226/1226a/1226b Weinstock, Mittelengl. Elementarbuch
1227/1227a Wedig, Übungsaufgaben zu A. Paulsen, Allgem. Volkswirtschaftslehre I/II

Autorenregister

FSC
www.fsc.org
MIX
Papier | Fördert gute Waldnutzung
FSC® C083411

Kolibri 360 GmbH
Ferdinand-Jühlke-Straße 7
99095 Erfurt, Deutschland
produktsicherheit@kolibri360.de